“十三五”国家重点研发计划近零能耗建筑技术体系及
关键技术开发(2017YFC0702600)

近零能耗建筑围护结构
节能工程施工技术指南

主 编 吴玉杰
副主编 祁 冰 高 娴 李 展

黄河水利出版社
·郑州·

内 容 提 要

本书介绍了目前国内近零能耗建筑的发展现状，在此基础上汇总了近零能耗建筑外墙、屋面、地面、外门窗等多部位保温系统的施工工艺和质量控制措施，其中包含了多个节点的热桥处理及建筑气密性处理方法，并通过近零能耗居住建筑、公共建筑的相关案例介绍了具体施工过程及近零能耗建筑的实际运行效果。

本书可供相关设计施工人员参考。

图书在版编目(CIP)数据

近零能耗建筑围护结构节能工程施工技术指南/吴玉杰主编. —郑州：黄河水利出版社，2021.7

ISBN 978-7-5509-3047-6

Ⅰ.①近… Ⅱ.①吴… Ⅲ.①建筑物-围护结构-节能-工程施工-指南 Ⅳ.①TU111.4-62

中国版本图书馆 CIP 数据核字(2021)第 143243 号

出 版 社：黄河水利出版社　　网址：www.yrcp.com

地址：河南省郑州市顺河路黄委会综合楼 14 层　　邮政编码：450003

发行单位：黄河水利出版社

发行部电话：0371-66026940、66020550、66028024、66022620(传真)

E-mail：hhslcbs@126.com

承印单位：河南新华印刷集团有限公司

开本：787 mm×1 092 mm　1/16

印张：8

字数：139 千字　　印数：1—1 000

版次：2021 年 7 月第 1 版　　印次：2021 年 7 月第 1 次印刷

定价：40.00 元

《近零能耗建筑围护结构节能工程施工技术指南》编者名单

主　　编　吴玉杰

副 主 编　祁　冰　高　娴　李　展

编　　委　王　丽　贾云飞　闫俊海　崔　莹

尚玉坤　金礼凯　马　超　乔　刚

石海军　张继隆　王海刚　薛　飞

编制单位　河南省建筑科学研究院有限公司

广州孚达保温隔热材料有限公司

中建科技集团有限公司

河南云松置业有限公司

河南广城系统门窗有限公司

前　言

建设资源节约型、环境友好型社会，是党中央、国务院根据我国社会、经济发展状况，从全局和战略高度出发做出的重大决策。为此，我国“十三五”规划提出“实施建筑能效提升、提高建筑节能标准”，“十四五”规划提出“开展近零能耗建筑、近零碳排放、碳捕集利用与封存”，习近平总书记提出“二氧化碳排放力争于2030年前达到峰值，努力争取2060年前实现碳中和”。为贯彻落实上述政策方针，住房和城乡建设领域积极响应，全面推进落实。建设近零能耗建筑是实现上述政策方针的举措之一，是推进建筑业由粗放型向绿色低碳型转变、降低建筑用能需求、提升建筑室内环境品质的有效途径。

基于“十三五”国家重点研发计划项目“近零能耗建筑技术体系及关键技术开发”课题七“施工标准化工艺及质量控制研究”的高可靠性、耐久性保温隔热系统施工工艺及质量控制研究内容，本书编写人员针对近零能耗建筑高性能围护结构、热桥处理、建筑气密性等要求，研究了外墙、屋面、地面、外门窗等多部位、多节点的施工工艺，在工艺改进、耐候性试验、试点示范测试、凝练研究成果的基础上，编写完成了《近零能耗建筑围护结构节能工程施工技术指南》一书。本书旨在全面提升近零能耗建筑围护结构施工质量，推动我国近零能耗建筑健康、快速发展。

本书为从事近零能耗建筑围护结构保温工程施工人员提供依据，编者结合多年工作经验和课题研究成果，系统地对近零能耗建筑的发展与现状、外墙外保温施工技术、屋面保温施工技术、地面保温施工技术、外门窗施工技术、建筑气密性施工技术进行了阐述，具有较强的实用性、针对性和可操作性。

应当指出，近零能耗建筑发展应因地制宜，从实际出发，以效果为导向。对于以采暖能耗为主的严寒和寒冷地区，通过近零能耗建筑技术进一步降低冬季供暖能耗的需求，可大力提倡。对夏热冬冷和夏热冬暖地区，应结合气候和建筑特点，综合考虑冬季采暖能耗和夏季空调能耗，合理选择技术措施，而不应生搬硬套，一味降低围护结构传热系数。

由于编写人员的经验和学识有限，加之当今近零能耗建筑技术层出不穷，尽管作者尽心尽力，但内容难免存在一定不足或某些问题，恳请有关专家、同行和广大读者批评指正，提出宝贵意见。

编 者

2021 年 3 月

目　录

第1章 概 述

随着城市的迅速崛起和世界经济的快速发展,人们有更多的精力和经济实力去追求更好的居住环境。然而,居住人口密度的增加带来了一系列空气质量和能源消耗问题。能源产出与能源消耗之间的矛盾日益突出,建筑能耗伴随着建筑总量的不断攀升和人们对居住舒适度要求的提高,也呈急剧上升趋势。在如此严峻的时代背景下,近零能耗建筑的相关技术迅速迭代成熟,凭借其超低的能源消耗和舒适的居住环境,成为解决建筑业资源与环境压力的重要途径。

1.1 我国能源消耗与节能减排情况

1.1.1 能源消耗情况

能源是人类社会赖以生存和发展的重要物质基础,我国作为世界第二大经济体,是世界上最大的能源消费国。根据《中华人民共和国2020年国民经济和社会发展统计公报》的初步核算,我国2020年全年能源消费总量达到49.8亿吨标准煤,其中煤炭消费量占能源消费总量的56.8%,天然气、水电、核电、风电等清洁能源消费量仅占能源消费总量的24.3%。

我国能源消耗巨大,但煤炭、石油、天然气等主要能源的产量和储量却低于世界平均水平,2020年我国的一次能源生产总量仅为40.8亿吨标准煤。而且,随着我国经济的进一步发展,我国的能源消费量还将继续上升,能源已经成为制约我国经济发展的重要因素。

1.1.2 节能减排的重大意义

国际能源署2019年度全球碳排放报告指出,全球能源相关的二氧化碳排放量在经过两年的增长后于2019年持平,碳排放总量在330亿吨左右。其中,中国二氧化碳排放量有所上升但上升比较缓慢,这是中国积极实施应对气候变化国家战略,采取调整产业结构、优化能源结构、节能提高能效、推动碳市场建设、增加森林碳汇等一系列措施的结果。

2020年，习近平同志在第七十五届联合国大会上发表重要讲话："中国将提高国家自主贡献力度，采取更加有力的政策和措施，二氧化碳排放力争于2030年前达到峰值，努力争取2060年前实现碳中和"。这是我国自2010年在哥本哈根气候变化大会上做出二氧化碳自主减排承诺后，为应对全球气候变化而付出的又一项重大行动。

从2010年中国政府的"碳减排"承诺，到2020年习近平同志关于"二氧化碳排放力争于2030年前达到峰值，努力争取2060年前实现碳中和"的气候行动目标，这是中国多年来致力于低碳转型所努力的成果，表明中国已在低碳转型之路上迈出了稳健步伐，在全球绿色低碳转型进程中已经处于举足轻重的角色。中国作为一个负责任的大国，将在经济、能源和环境等方面，给世界带来深刻影响。

1.2 发展近零能耗建筑的必要性

截至2019年底，我国总人口超过14亿人，其中城镇人口84 843万人，乡村人口55 162万人，常住人口城镇化率已达到60.60%。人口的逐步城镇化造成建筑运行总商品能耗达到10亿吨标准煤，约占全国能源消费总量的22%；建筑运行化石能源消耗相关的碳排放为21亿吨，约占全国碳排放总量的20%。建筑部门如何实现深度节能减排，将会对我国能源安全和应对气候变化目标的实现产生重要影响，也是建筑领域下一阶段的重要议题。

为贯彻落实国家相关政策，实施能源资源消费革命发展战略，减轻环境和资源压力，实施能源资源消费革命发展战略，推进城乡发展从粗放型向绿色低碳型转变，自1980年起我国持续推进建筑节能工作，建筑节能设计标准已经在全国范围普及，建筑节能工作减缓了我国建筑能耗随城镇建设发展而持续高速增长的趋势，并提高了人们居住、工作和生活环境的质量。但"二氧化碳排放力争于2030年前达到峰值，努力争取2060年前实现碳中和"的气候行动目标对我国的建筑节能工作提出了新的挑战。从世界范围看，德国、美国、日本、韩国等发达国家和欧盟盟国为应对气候变化和极端天气、实现可持续发展战略，都积极制定建筑物迈向更低能耗的中长期（2020年、2030年、2050年）发展目标和政策，建立适合本国特点的被动房技术标准和体系。推动建筑物迈向更低能耗正在成为全球建筑节能的发展趋势。

自2007年我国引进被动房技术以来，我国被动式建筑项目也随即呈蓬勃发展趋势。2015年11月,中华人民共和国住房和城乡建设部颁布《被动式超低能耗绿色建筑技术导则(居住建筑)》;2019年9月1日,《近零能耗建筑技术标准》(GB/T 51350—2019)正式实施。在迈向零能耗建筑的过程中,中国的被动式建筑根据能耗目标实现的难易程度分为超低能耗建筑、近零能耗建筑及零能耗建筑。其中,超低能耗建筑节能水平略低于近零能耗建筑,是近零能耗建筑的初级表现形式;零能耗建筑能够达到能源产需平衡,是近零能耗建筑的高级表现形式。

近零能耗建筑利用被动式的建筑设计,使用低碳材料,利用围护结构良好的保温性能及高效照明设备和电器,再通过可再生能源的应用,可实现建筑全生命周期内的二氧化碳零排放。因此,发展近零能耗建筑是建筑业实现"二氧化碳排放力争于2030年前达到峰值,努力争取2060年前实现碳中和"气候行动目标的有效途径,它将改变建筑对传统能源的依赖,实现建筑行业的可持续发展。

总而言之,在资源和环境双重压力下,因地制宜地推进近零能耗建筑发展,是国家的大政方针和政策导向,是加快生态文明建设、走新型城镇化道路的重要体现,是节能减排和应对气候变化的有效手段和重要举措,是创新驱动、增强经济发展新动能的着力点,是全面建成小康社会、增强人民群众获得感的重要内容,具有重要的现实意义和深远的战略意义。

1.3 近零能耗建筑的技术要点

1.3.1 性能化设计

近零能耗建筑要求采用性能化设计,遵从环境适宜原则及因地制宜原则,使建筑本身与周围环境和谐共存。

性能化设计方法的核心是以性能目标为导向的定量化设计分析与优化,近零能耗建筑的关键性能参数选取是基于性能定量分析的结果。

近零能耗建筑在设计前充分了解当地的气象条件、自然资源、生活居住习惯等,借鉴传统建筑的被动式措施,根据不同地区的特点进行建筑平面总体布局、朝向、体形系数、开窗形式、采光遮阳、室内空间布局等适应性设计;在此基础上通过性能化设计方法优化围护结构保温、隔热、遮阳等关键性能参数,最大限度地降低建筑供暖供冷需求;之后结合不同的机电系统方案、可再生能源应用方案和设计运行与控制策略等，将设计方案和关键性能参数带入能耗模拟分析软件，定量分析是否满足预先设定的近零能耗目标，以及其他技术经济目标，根据计算结果，不断修改、优化设计策略和设计参数等，循环迭代，最终确定满足性能目标的设计方案。

1.3.2 高性能围护结构

对建筑实体而言，围护结构有透明围护结构和非透明围护结构。透明围护结构主要包括窗户、玻璃门、玻璃幕墙、天窗、采光顶等；非透明围护结构主要包括外墙体、屋面、地面等。

1.3.2.1 透明围护结构

根据《近零能耗建筑技术标准》(GB/T 51350—2019)，近零能耗建筑外窗的热工性能参数应满足表1-1和表1-2的要求。

表1-1 居住建筑外窗(包括透明幕墙)传热系数(*K*)值和太阳得热系数(*SHGC*)值

性能参数		严寒地区	寒冷地区	夏热冬冷地区	夏热冬暖地区	温和地区
传热系数 *K* [W/(m^2·K)]		≤1.0	≤1.2	≤2.0	≤2.5	≤2.0
太阳得热系数 *SHGC*	冬季	≥0.45	≥0.45	≥0.40	—	≥0.40
	夏季	≤0.30	≤0.30	≤0.30	≤0.15	≤0.30

注：太阳得热系数为包含遮阳(不含内遮阳)的综合太阳得热系数。

表1-2 公共建筑外窗(包括透明幕墙)传热系数(*K*)值和太阳得热系数(*SHGC*)值

性能参数		严寒地区	寒冷地区	夏热冬冷地区	夏热冬暖地区	温和地区
传热系数 *K* [W/(m^2·K)]		≤1.2	≤1.5	≤2.2	≤2.8	≤2.2
太阳得热系数 *SHGC*	冬季	≥0.45	≥0.45	≥0.40	—	—
	夏季	≤0.30	≤0.30	≤0.15	≤0.15	≤0.30

注：太阳得热系数为包含遮阳(不含内遮阳)的综合太阳得热系数。

近零能耗建筑的透明围护结构采用的技术有中空玻璃、真空玻璃、Low-E膜层、惰性气体、边部密封构造等。

采用Low-E膜层时，综合考虑膜层对传热系数*K*值和太阳得热系数*SHGC*值的影响。膜层数越多，*K*值越小，同时*SHGC*值也越小；当需要*SHGC*值较小时，膜层宜位于最外片玻璃的内侧；当需要*K*值更小时，可选择Low-E真空玻璃。玻璃采用三道以上耐久性良好的密封材料密封，并采用更加可靠的锁具和锁点布置，提高透明围护结构的密闭性能和保温性能。此外，近零能耗建筑的外窗为了使用安全和便于通风采光，尽可能减少窗框对透明材料部分的分隔，减少框料面积和接缝长度，外窗开启也通常采用内平开方式。正是这些技术措施的应用使得近零能耗建筑透明围护结构的各项性能参数均有较大的提升。

1.3.2.2 非透明围护结构

近零能耗建筑的非透明围护结构，一般采用保温材料将外墙、屋面和其他裸露部位全包覆，形成连续完整的保温体系，一方面使得主体结构受外部温度变化的影响更小；另一方面可有效避免出现结构性热桥。

对于外墙外保温系统，由于保温层厚度增加，建筑形式设计及外饰面的种类受到了限制，同时也对外保温系统连接的可靠性及耐久性构成了影响。因此，近零能耗建筑选择材料时应优先选用高效保温材料。同时，在固定保温材料时，应采用专用的断热桥锚栓。根据《近零能耗建筑技术标准》(GB/T 51350—2019)，近零能耗建筑外墙的传热系数应满足表1-3的要求。

表1-3 外墙平均传热系数限值

外墙	传热系数K[W/(m^2·K)]				
	严寒地区	寒冷地区	夏热冬冷地区	夏热冬暖地区	温和地区
居住建筑	0.10~0.15	0.15~0.20	0.15~0.40	0.30~0.80	0.20~0.80
公共建筑	0.10~0.25	0.10~0.30	0.15~0.40	0.30~0.80	0.20~0.80

屋面保温层选择应同时考虑保证施工质量和使用安全，选用吸水率较低、抗压性能较好且日晒不易变形的材料。根据《近零能耗建筑技术标准》(GB/T 51350—2019)，近零能耗建筑屋面的传热系数应满足表1-4的要求。

表 1-4 屋面平均传热系数限值

屋面	传热系数 $K[W/(m^2 \cdot K)]$				
	严寒地区	寒冷地区	夏热冬冷地区	夏热冬暖地区	温和地区
居住建筑	0.10~0.15	0.10~0.20	0.15~0.35	0.25~0.40	0.20~0.40
公共建筑	0.10~0.20	0.10~0.30	0.15~0.35	0.30~0.60	0.20~0.60

为了更好地分隔供暖和非供暖空间，在《近零能耗建筑技术标准》(GB/T 51350—2019)中，严寒地区和寒冷地区对地面及外挑楼板、分隔供暖空间和非供暖空间的非透光围护结构(如供暖和非供暖空间的楼板、隔墙等)等部位也提出了保温要求，如表 1-5 及表 1-6 所示。

表 1-5 地面及外挑楼板平均传热系数限值

地面及外挑楼板	传热系数 $K[W/(m^2 \cdot K)]$	
	严寒地区	寒冷地区
居住建筑	0.15~0.30	0.20~0.40
公共建筑	0.20~0.30	0.25~0.40

表 1-6 分隔供暖空间和非供暖空间的非透光围护结构平均传热系数限值

围护结构部位	传热系数 $K[W/(m^2 \cdot K)]$	
	严寒地区	寒冷地区
楼板	0.20~0.30	0.30~0.50
隔墙	1.00~1.20	1.20~1.50

1.3.3 良好的建筑气密性

建筑气密性关乎建筑与外界能量交换和能量流失，是实现近零能耗建筑能效目标的核心因素之一，所有近零能耗建筑在建设完成后均须进行建筑气密性检测，检测结果直接决定建筑能否达到近零能耗建筑标准。

良好的建筑气密性可以减少冬季冷风渗透而导致的供暖需求增加，降低夏季非受控通风导致的供冷需求增加，避免湿气侵入造成的建筑发霉、结露等损坏，提高居住者的生活品质。因此，近零能耗建筑必须进行符合要求的建筑气密性设计。气密性设计主要应遵循以下原则：

(1)建筑围护结构的气密层应连续并包绕整个气密区。

(2)气密层设计应依托密闭的围护结构层,并应选择适用的气密性材料。

(3)外门窗的气密性等级应更高,外门窗与门窗洞口之间的缝隙应做气密性处理。

(4)围护结构洞口、电线盒、管线贯穿处等部位是容易产生空气渗透的部位,应对这些部位的气密性措施进行节点设计。

(5)不同围护结构的交界处及排风等设备与围护结构交界处也应进行气密性节点设计。

1.3.4　建筑热桥处理

热桥是围护结构中热流强度显著增大的部位,会造成建筑内部热量损失的增加,也会导致潮湿隐患的产生,不仅会滋生霉菌还会造成室内粘灰、结露和变黑。

近零能耗建筑在设计过程中要求按照避让原则、击穿原则、连接原则、几何原则等规定,通过合理的手段尽可能地将外墙、屋面、女儿墙、通风口、地下室及外窗等处的热桥影响降到最低。针对以上几处重要部位,首先保证拥有完整的外保温层及其计算合理的保温层厚度,不允许结构性热桥的出现;其次可采用预安装的方式,保证建筑物的构件完全包裹在外保温层中,避免内外的穿透性构件形成热桥。

避让规则:尽可能不要破坏或穿透外围护结构。

击穿规则:当管线等必须穿透外围护结构时,应在穿透处增大孔洞,保证足够的间隙进行密实无空洞的保温。

连接规则:保温层在建筑连接处应连续无间隙。

几何规则:避免几何结构的变化,减小散热面积。

1.3.5　新风热回收

设置高效新风热回收系统,不仅能够满足室内新风量供应要求,还能通过回收利用排风中的能量降低建筑供暖供冷需求,实现建筑近零能耗目标。

由于近零能耗建筑具有高效的围护结构保温及气密性设计,仅依靠建筑的被动得热就可基本满足冷热需求,再加上具备热量回收功能的新风系统,使得近零能耗建筑不用或少用辅助供暖设备成为可能。

根据《近零能耗建筑技术标准》(GB/T 51350—2019)的要求,显热型新风热回收装置的热交换效率不应低于75%,全热型新风热回收装置的热交换效率不应低于70%。

1.3.6 可再生能源应用

近零能耗建筑提倡应用可再生能源,以此来减少化石能源使用,降低建筑碳排放量,当可再生能源供能量达到或超出建筑需求时,建筑可成为零能耗建筑或产能建筑。

建筑领域应用较为广泛的可再生能源是太阳能及地热能。太阳能的应用方式主要是太阳能光伏发电和太阳能热水,分别制得生活用电和生活热水;地热能主要是通过地源热泵系统将地下可利用的热能进行高效利用,通过相变储能等技术联合应用,解决供能与建筑物用能在时间与空间上的不平衡。

1.4 近零能耗建筑围护结构节能工程施工简介

近零能耗建筑的性能指标对节能工程的施工工艺和方法具有敏感性,所要求的围护结构高性能保温隔热、建筑无热桥、建筑气密性等对近零能耗建筑的施工技术提出了更高要求。但近零能耗建筑并不是采用高新科技建造的建筑,它只是把常规技术的各个细节进行严格控制,做到了精细化施工,从而达到近零能耗的目的。因此,其主要施工方式不同于传统做法,复杂的施工工艺对施工程序和质量的要求及监督、管理方面也更加严格。

本书主要针对近零能耗建筑施工过程中的围护结构精细化施工技术,包含外墙外保温施工技术、屋面保温防水施工技术、地面保温施工技术、外门窗安装施工技术、建筑热桥处理施工技术及气密性封堵施工技术等进行详细介绍。以下为近零能耗建筑的主要施工过程:

(1)主体结构。预留各种穿墙管道、各种金属支架安装位置,如空调支架、太阳能热水系统支架和雨水管支架等。墙面宜做整体找平。

(2)门窗工程。整窗安装,室内一侧粘贴防水隔汽膜,室外一侧粘贴防水透汽膜,并注意与主体墙气密层衔接,固定窗台板。

(3)气密层。围护结构洞口、电线盒、管线贯穿处、不同围护结构交接处及排风等设备与围护结构交界处进行建筑气密性施工,保证气密层的完整性、连续性,期间室内外各种电气管线配合施工。

(4)保温工程。施工程序为基层处理→粘结层→保温层→防护层→饰面层。

(5)室内装饰装修。施工前进行整体气密性测试,若气密性较差,应及时查找建筑物渗漏源,并进行处理,再次测试满足要求后进行室内装饰装修。

(6)室内装饰装修及设备安装工程完毕后进行整体气密性测试,再次查找建筑物渗漏源并进行处理。

第 2 章 外墙节能工程施工

根据国内外研究与统计，在建筑围护结构的能量损失中，透过外墙的损失占有相当大的比例，为提高建筑外墙的保温节能效果，通常在外墙上施加各种类型的保温措施，其中外墙外保温系统是目前应用最为广泛的外墙保温方式。通过外墙外保温的处理可有效提高建筑的节能效果，降低建筑能耗，近零能耗建筑需要更厚的保温层及热桥处理措施，达到近零能耗目标。

2.1 性能要求

在建筑物中，对外墙外保温系统影响较大的主要因素包括温度、湿度、雨水、火灾、风压、地震、腐蚀等。

作为建筑物最主要的外层部位，外墙外保温系统就像是建筑的“外衣”，直接承受着温度、湿度、雨水、火灾、风压、地震、腐蚀等各种外部环境因素的影响，因此外墙外保温系统应满足节能、安全与耐久性的要求，近零能耗建筑更是如此。

2.1.1 热工性能要求

相比于传统建筑，近零能耗建筑的主要特征之一是外墙的传热系数大幅度降低。只有当外墙外保温系统的传热系数满足《近零能耗建筑技术标准》（GB/T 51350—2019）所规定的要求时，才能最大程度地降低建筑物采暖和空调能耗，达到近零能耗建筑的能效指标要求。

近零能耗建筑对外墙外保温系统及材料的水蒸气渗透性能、结露条件和吸水率也做出了规定，即要求外墙外保温系统应具有防止水渗透性能，并且其防潮性能应满足《民用建筑热工设计规范》（GB 50176—2016）的规定，以确保外保温系统能够长时间有效地发挥保温隔热作用。

2.1.2 安全性要求

近零能耗建筑保温层厚度为普通节能建筑的 2~3 倍。当近零能耗建筑外墙厚度大幅度增加后,相对于传统外墙保温的施工做法,其施工工艺更加复杂,安全性要求也更加严格。

2.1.2.1　构造安全性

近零能耗建筑高性能的外墙外保温系统决定了外墙超厚的保温层。为了满足外保温系统的构造安全需求,一般要求外墙保温材料采用高性能的胶粘剂分两层错缝粘贴,并用断热桥锚栓固定,使其同基层墙体牢固连接。正常使用时,在自重、温湿度变化、主体结构变形以及风荷载、地震载荷等综合作用下仍能保持结构连接安全可靠,不从墙体基面上脱落,不产生有害形变和破坏。

2.1.2.2　防火安全性

外墙外保温系统的防火安全性包括保温材料自身的防火性能及外保温系统的防火安全性。近零能耗建筑选择外墙保温材料时必须要根据《建筑设计防火规范(2018 年版)》(GB 50016—2014),针对不同类型、不同高度的建筑合理选用。

近零能耗建筑外墙外保温系统的防火性能是在保温材料满足基本防火要求的前提下,通过设置抹灰层、防火隔离带等构造来提高系统的防火性能,使其具有防止火焰沿外墙面蔓延的能力,系统的防火性能按《建筑外墙外保温系统的防火性能试验方法》(GB/T 29416—2012)进行测试。

2.1.3　耐久性要求

2.1.3.1　系统耐久性

近零能耗建筑外墙外保温系统应能够承受长时间的温度、湿度和收缩等的变化,而不导致外墙外保温系统出现破坏性的、不可逆的变形现象。在正确使用和正常维护的条件下,近零能耗建筑外墙外保温工程的使用年限不应少于 25 年。

2.1.3.2　组成材料的耐久性

近零能耗建筑外墙外保温系统构造复杂,组成材料种类繁多,在正常使用和维护条件下,外墙外保温系统所有的组成材料均应保持其应有的特性,所有组成材料都彼此相容且具有防腐性,并具有良好的物理化学稳定性。

2.2　施工准备

2.2.1　技术准备

近零能耗建筑外墙外保温系统安装施工前应有专业技术人员根据设计图纸、标准图集、合同文件、现场施工条件等，编制外墙外保温系统专项施工方案。专项施工方案应包括工程概况、编制依据、系统及材料性能要求、施工组织准备、质量保证措施、安全文明施工措施、施工验收等内容，应重点明确外墙外保温系统的施工步骤和顺序以及具体做法，要求外墙保温层应连续、完整。

外墙外保温系统专项施工方案批准后，应向施工人员进行技术交底（见图2-1），并与设计单位书面确认热桥位置及断热桥措施施工详图和施工工艺。

图2-1　工人现场技术交底、专项施工培训

施工人员在施工前应进行近零能耗建筑专项施工培训，了解材料和设备性能，掌握施工要领和具体施工工艺，并应经培训合格后方可上岗。

2.2.2　材料准备

根据施工组织设计中的施工进度计划，编制外墙外保温工程所需材料用量计划。材料用量计划应明确材料的品种、规格、数量和进场时间，并要求现场工料储备应有一定的库存量。

材料进场前，应根据外墙外保温施工布置要求，确定和准备进场材料的暂放场地（见图2-2）。

材料进场后组织验收人员对材料的生产厂家、产品合格证、检验报告、使用说明等进行验收，并填写材料进场验收记录表。材料验收之后，还应按有关

图 2-2　材料在指定位置码放

规定对材料进行抽样复验。

2.2.3　机具准备

近零能耗建筑外墙外保温系统施工所需要的施工机具要根据现场实际情况及工程特点、施工进度计划,实行动态管理,适当考虑各种不可预见的因素,在满足工程需要的同时,略有富余,确保工程工期目标的全面实现。

外墙外保温系统的主要施工机具应包括:电动吊篮或保温施工专业脚手架、冲击钻、电锤、电动搅拌器、电热丝切割器、弹线墨斗、美工刀、剪刀、水平尺、角磨机、密齿手锯、螺丝刀、钢丝刷、腻子刀、抹子、阴阳角刮刀、锯齿抹刀。

2.2.4　作业条件

(1)基层墙体应符合《砌体结构工程施工质量验收规范》(GB 50203—2011)和《混凝土结构工程施工质量验收规范》(GB 50204—2015)的验收要求,具有验收文件。

(2)近零能耗建筑外墙外保温系统施工前,门窗应安装完毕并完成验收。墙身上各种穿墙管线、预埋管件等按设计安装完毕,并按照外保温系统的厚度留出间隙。

(3)近零能耗建筑外墙外保温系统施工前,应做基层墙体与胶粘剂的拉伸粘结强度检验,拉伸粘结强度不应低于 0.3 MPa,且粘结界面脱开面积不应大于 50%。

(4)外墙外保温工程施工期间的环境空气温度不应低于 5 ℃,5 级及 5 级以上大风天气和雨天不应施工。如施工中突遇降雨,应有应急措施,防止雨水冲刷墙面。夏季施工时,施工面应避免阳光直射,必要时应搭设防晒布遮挡。

2.3 有机类保温板薄抹灰外墙外保温系统施工

有机类保温板薄抹灰外墙外保温系统是置于建筑物外墙外侧，由粘结层、保温层、抹面层和饰面层构成。粘结层材料为胶粘剂；保温层材料可为模塑聚苯板(EPS 板)、挤塑聚苯板(XPS 板)和硬泡聚氨酯板(PU 板)或酚醛泡沫板(PF 板)；抹面层材料应为抹面胶浆复合玻纤网；饰面层应为涂料或饰面砂浆。粘贴保温板薄抹灰外墙外保温系统基本构造如图 2-3 所示。

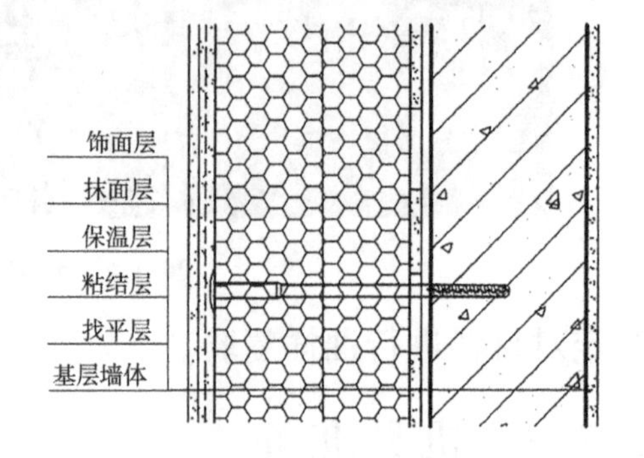

图 2-3 粘贴保温板薄抹灰外墙外保温系统基本构造

2.3.1 系统性能要求

有机类保温板薄抹灰外墙外保温系统的性能应符合表 2-1 的要求。

表 2-1 有机类保温板薄抹灰外墙外保温系统性能指标

项目		性能指标			
保温材料		EPS	XPS	PU	PF
耐候性	外观	不得出现空鼓、剥落或脱落、开裂等破坏，不得产生裂缝，出现渗水			
	拉伸粘结强度(MPa)	≥0. 10	≥0. 15	≥0. 10	≥0. 10
		破坏部位都应位于保温材料内			
吸水量(g/m^2)		≤500			
抗冲击性	二层及二层以上	3J 级			
	首层	10J 级			
水蒸气透过湿流密度[$g/(m^2 \cdot h)$]		≥0. 85			
耐冻融	外观	无可见裂缝，无粉化、空鼓、剥落现象			
	拉伸粘结强度(MPa)	≥0. 10	≥0. 15	≥0. 10	≥0. 10
抹面层不透水性		2 h 不透水			
传热系数		满足《近零能耗建筑技术标准》(GB 51350—2019)的要求，且符合设计要求			
抗风压		符合设计要求			
防护层水蒸气渗透阻		符合设计要求			

2.3.2　材料性能要求

2.3.2.1　保温材料性能要求

1. 模塑聚苯板

模塑聚苯板是由可发性聚苯乙烯珠粒经加热预发泡后在模具中加热成型而制得的具有闭孔结构的聚苯乙烯泡沫塑料板材,包含033级和039级。其独特的内部结构,使完全被封闭在蜂窝中的空气成了良好的隔热体,因此常被用于建筑节能领域。再加上模塑聚苯板质地轻、吸水率低、安装方便,是近零能耗建筑外墙常用的保温材料。将模塑聚苯板用于外墙外保温系统之中时,性能指标应满足表2-2的要求。

表2-2　模塑聚苯板的主要性能指标

项目	性能指标	
	039级	033级
导热系数[W/(m·K)]	≤0.039	≤0.033
表观密度(kg/m^3)	≥20.0	
垂直于板面方向的抗拉强度(MPa)	≥0.10	
尺寸稳定性(%)	≤0.3	
弯曲变形(mm)	≥20	
水蒸气渗透系数[ng/(Pa·m·s)]	≤4.5	
吸水率(体积分数)(%)	≤2	
燃烧性能等级	不低于B_2级	不低于B_1级
六溴环十二烷(HBCD)(mg/kg)	未检出	

2. 挤塑聚苯板

挤塑聚苯板是以聚苯乙烯树脂辅以聚合物在加热混合的同时,注入催化剂,而后挤塑压出连续性闭孔发泡的硬质泡沫塑料板,其内部为独立的密闭式气泡结构。挤塑聚苯板是一种具有高抗压、吸水率低、防潮、不透气、质轻、耐腐蚀、抗老化、导热系数低等优异性能的保温材料。将挤塑聚苯板用于外墙外保温系统之中时,性能指标应满足表2-3的要求。

表 2-3 挤塑聚苯板的主要性能指标

项目	性能指标	
	024 级	030 级
导热系数[W/(m·K)]	≤0.024	≤0.030
垂直于板面方向的抗拉强度(MPa)	≥0.20	
压缩强度(MPa)	≥0.20	
弯曲变形(mm)	≥20	
尺寸稳定性(%)	≤1.2	
吸水率(体积分数)(%)	≤1.5	
水蒸气渗透系数[ng/(Pa·m·s)]	1.5~3.5	
氧指数(%)	≥26	
燃烧性能等级	不低于 B_2 级	
六溴环十二烷(HBCD)(mg/kg)	未检出	

注:生产挤塑聚苯板的原材料不得使用再生料。

3. 硬泡聚氨酯板

硬泡聚氨酯板是一种具有保温、防水功能的合成材料,其导热系数极低。硬泡聚氨酯板就是以硬泡聚氨酯为保温芯材,辅以面层的预制保温板材。硬泡聚氨酯板的主要性能指标应符合表 2-4 的要求。

表 2-4 硬泡聚氨酯板的主要性能指标

项目	性能指标
导热系数[W/(m·K)]	≤0.024
表观密度(kg/m^3)	≥30
垂直于板面方向的抗拉强度(MPa)	≥0.10
尺寸稳定性(%)	≤1.0
压缩强度(MPa)	≥0.15
吸水率(体积分数)(%)	≤3
燃烧性能等级	不低于 B_1 级

4. 酚醛泡沫板

酚醛泡沫板是以低粘度、高分子 A 阶酚醛树脂为主要原料,在发泡剂或固化剂作用下经交联发泡而形成的泡沫状结构,具有优异的防火、绝热和隔音性能,是适用于建筑保温的硬质板材。酚醛泡沫板的主要性能指标应符合表 2-5 的要求。

表 2-5　酚醛泡沫板的主要性能指标

项目	性能指标
导热系数[W/(m·K)]	≤0.024
垂直于板面方向的抗拉强度(MPa)	≥0.10
表观密度(kg/m^3)	≥35
尺寸稳定性(%)	≤1.0
吸水率(体积分数)(%)	≤6
氧指数(%)	≥26
燃烧性能等级	不低于 B_2 级

2.3.2.2　其他材料性能要求

1.保温板界面剂

保温板界面剂是一种微细聚合物液态材料,其独特配方及高效添加剂能快速与保温板高密度表面相融合,在涂层表面形成有效亲和层,与后续砂浆形成更好的附着效果,外墙使用挤塑聚苯板、酚醛泡沫板等保温材料时,常需要用界面剂进行界面处理,以实现更好的粘结效果。保温板界面剂性能指标应符合表 2-6 的要求。

表 2-6　保温板界面剂的主要性能指标

<table>
<tr><th colspan="3">项目</th><th>性能指标</th></tr>
<tr><td colspan="3">容器中状态</td><td>色泽均匀,无杂质,
无沉淀,不分层</td></tr>
<tr><td colspan="3">冻融稳定性(3 次)</td><td>无异常</td></tr>
<tr><td colspan="3">储存稳定性</td><td>无硬块,无絮凝,
无明显分层和结皮</td></tr>
<tr><td colspan="3">最低成膜温度(℃)</td><td>≤0</td></tr>
<tr><td colspan="3">不挥发物含量(%)</td><td>≥22</td></tr>
<tr><td rowspan="3">拉伸粘结强度(MPa)
(与保温板)</td><td colspan="2">原强度</td><td>≥0.10</td></tr>
<tr><td rowspan="2">耐水</td><td>浸水 48 h,干燥 2 h</td><td>≥0.06</td></tr>
<tr><td>浸水 48 h,干燥 7 d</td><td>≥0.10</td></tr>
<tr><td colspan="3">耐冻融强度(MPa)</td><td>≥0.10</td></tr>
</table>

2.胶粘剂与抹面胶浆

胶粘剂、抹面胶浆都是由水泥基胶凝材料、高分子聚合物材料以及填料和添加剂等组成的外墙外保温系统材料。胶粘剂广泛用于外墙外保温系统中保温材料与基层墙体的粘结。抹面胶浆主要用于外墙外保温系统中保温材料的抹面、抗裂保护层。胶粘剂与抹面胶浆的性能指标如表 2-7 和表 2-8 所示。

表 2-7　胶粘剂的性能指标

项目			性能指标
拉伸粘结强度(与水泥砂浆)(MPa)	原强度		≥0.6
	耐水	浸水 48 h,干燥 2 h	≥0.3
		浸水 48 h,干燥 7 d	≥0.6
拉伸粘结强度(与保温板)(MPa)	原强度		≥0.10,破坏发生在保温板中
	耐水	浸水 48 h,干燥 2 h	≥0.06
		浸水 48 h,干燥 7 d	≥0.1
可操作时间(h)			1.5~4.0

表 2-8　抹面胶浆的性能指标

项目			性能指标
拉伸粘结强度(与保温板)(MPa)	原强度		≥0.10,破坏发生在保温板中
	耐水	浸水 48 h,干燥 2 h	≥0.06
		浸水 48 h,干燥 7 d	≥0.10
	耐冻融强度		≥0.10
柔韧性	压折比(水泥基)		≤3.0
	开裂应变(非水泥基)(%)		≥1.5
抗冲击性			3J 级
吸水量(g/m^2)			≤500
不透水性			试样抹面层内无水渗透
可操作时间(水泥基)(h)			1.5~4.0

3. 玻纤网

玻纤网是表面经高分子材料涂覆处理的、具有耐碱功能的网格状玻璃纤维织物。玻纤网具有较高的机械强度、较低的延伸率,在外墙外保温系统中,作为增强材料,埋入抹面胶浆中形成薄抹灰面层,以提高外保温系统的机械强度,同时减少表面裂纹的出现。玻纤网的性能指标如表 2-9 所示。

表2-9　玻纤网的性能指标

项目	性能指标
单位面积质量(g/m^2)	≥160
耐碱断裂强力(经、纬向)(N/50 mm)	≥1 000
耐碱断裂强力保留率(经、纬向)(%)	≥50
断裂伸长率(经、纬向)(%)	≤5.0

4. 断热桥锚栓

断热桥锚栓是通过特殊的构造设计,能有效减小或阻断锚钉热桥效应的锚栓。不同类型基层墙体所用锚栓的性能指标是不同的。保温板薄抹灰外墙外保温系统中断热桥锚栓的性能指标如表2-10所示。

表2-10　断热桥锚栓的性能指标

项目		性能指标
单个锚栓的抗拉承载力标准值(kN)	普通混凝土基层墙体	≥0.60
	实心砌体基层墙体	≥0.50
	多孔砖砌体基层墙体	≥0.40
	蒸压加气混凝土基层墙体	≥0.30
锚栓圆盘的强度标准值(kN)		≥0.50
单个锚栓对系统传热增加值[$W/(m^2 \cdot K)$]		≤0.002
防热桥构造		锚栓有塑料隔热端帽,或由玻璃纤维增强的塑料钉阻断

注:1. 锚栓的金属螺钉,应采用不锈钢或经过表面防腐处理的金属材料制成;塑料钉和带圆盘塑料的膨胀管,应采用聚酰胺、聚乙烯或聚丙烯制成。制作塑料钉和塑料套管的材料不得使用回收的再生料。

2. 锚栓的有效锚固深度不得小于35 mm,塑料圆盘直径不得小于60 mm。

2.3.3　施工工艺

2.3.3.1　工艺流程

有机类保温板薄抹灰外墙外保温施工工艺流程如图2-4所示。

2.3.3.2　操作要点

1. 基层验收

粘贴保温板前,必须要对基层墙面进行验收和处理,要求表面清洁,无油污、浮尘等附着物,必要时则须进行找平层施工(见图2-5),墙体基面的尺寸偏差应符合表2-11的规定。

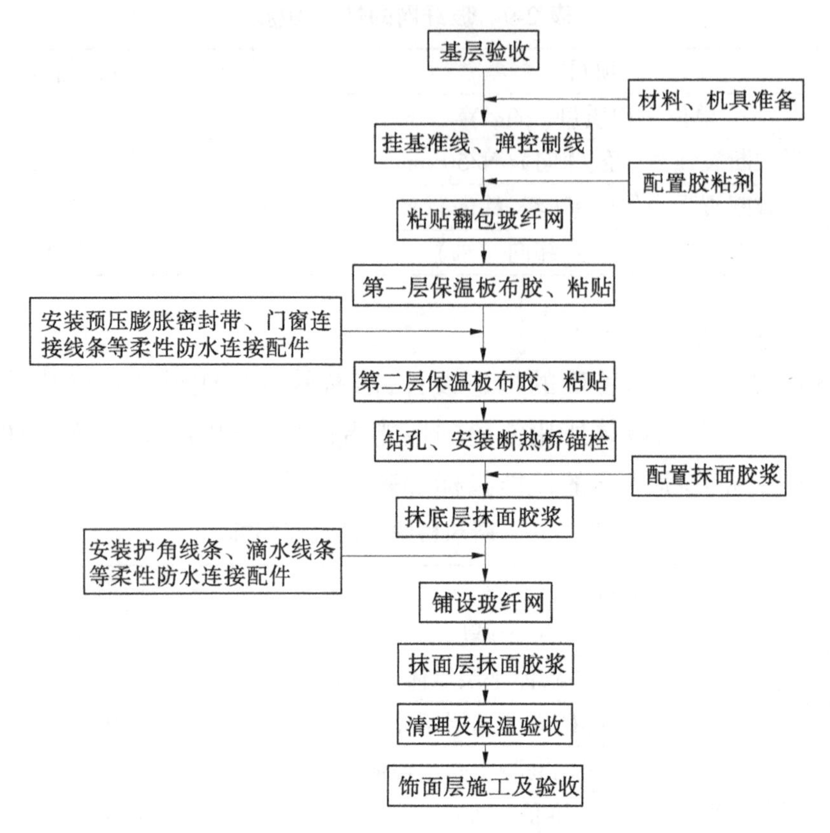

图 2-4　有机类保温板薄抹灰外墙外保温施工工艺流程

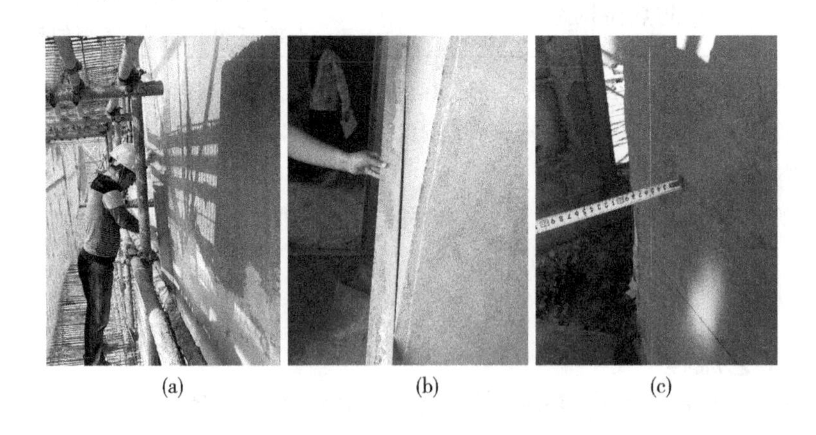

(a)　(b)　(c)

图 2-5　检查基层墙体平整度

2. 挂基准线、弹控制线

(1)挂基准线。在建筑外墙阴、阳角及其他必要处挂垂直基准钢线,垂线与墙面的间距为所贴保温板的厚度。在每个楼层适当位置还应挂水平线,以控制保温板的垂直度和平整度(见图 2-6)。

表 2-11　一般抹灰的允许偏差

工程做法	项目			允许偏差	检验方法
砌体工程	墙面垂直度(mm)	每层		4	2 m 托线板检查
		全高	≤10 m	5	经纬仪或吊线、钢尺检查
			>10 m	10	
	表面平整度(mm)			5	2 m 靠尺和塞尺检查
混凝土工程	墙面垂直度(mm)	层高	≤5 m	4	经纬仪或吊线、钢尺检查
			>5 m	4	
		全高		H/1 000 且≤30	经纬仪、钢尺检查
	表面平整度(mm)			4	2 m 靠尺和塞尺检查

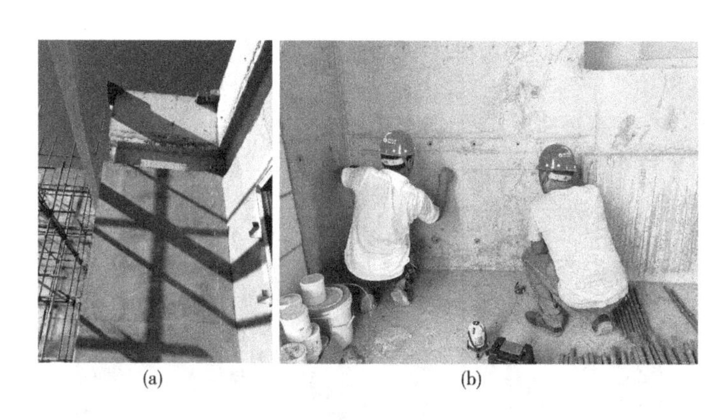

(a)　(b)

图 2-6　挂基准线、弹控制线

(2)弹控制线。根据建筑物立面设计,在墙面弹出外门窗水平、垂直控制线,应视墙面洞口分布进行保温板排板并做相应标记,如图 2-6 所示。同时,在防火隔离带相应位置也应弹出安装线及宽度线。

3. 配置胶粘剂

依据产品说明控制水灰比,采用机械充分搅拌 5~7 min,直到搅拌均匀、稠度适中,放置 5 min 熟化;使用时,再次搅拌一下即可。胶粘剂施工时环境温度不应低于 5 ℃,否则应人工干预至适宜温度才可施工。一次配置用量以 2 h 内用完为宜,配好的料注意防晒避风,超过可操作时间严禁二次利用,作为废料处理。

4. 粘贴翻包玻纤网

在外墙外保温系统起始位置(及终端位置)墙面布置胶粘剂,将玻纤网一端压入胶粘剂内,边缘多余胶粘剂清理干净,余下玻纤网甩出备用,甩出部分长度包裹保温板板端露于板面部分不小于 100 mm。

5. 粘贴保温板

粘贴保温板时，宜采用双层错缝铺贴施工。保温板粘贴方式有两种，分别为点框法和条粘法。

(1)点框法。沿保温板四周涂抹胶粘剂，并留出排气孔。保温板中间位置均匀甩点，点直径和间距可按不同的涂布率要求进行调整，但保温板与基层墙体的有效粘结面积不得小于保温板面积的 50%，如图 2-7 所示。保温板抹完胶粘剂后，应立即将板平贴在基层墙体上滑动就位。

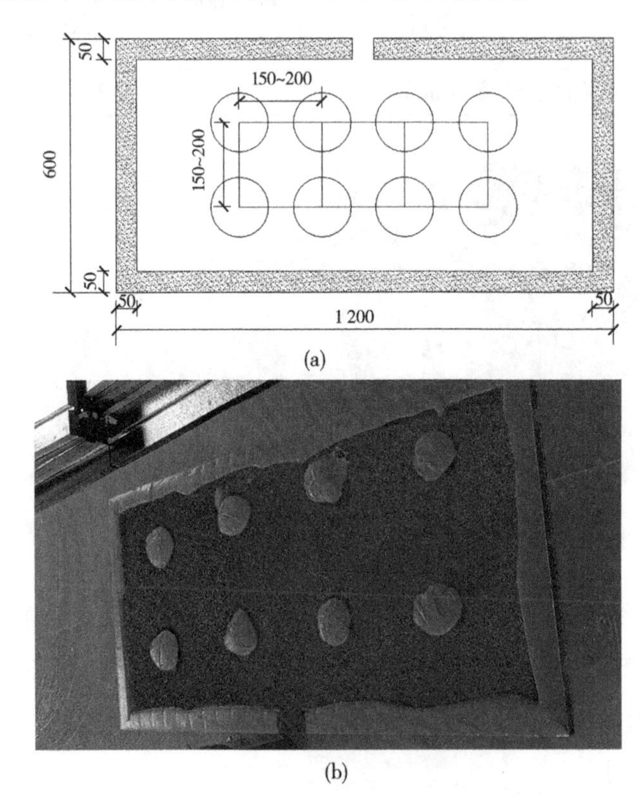

(a)

(b)

图 2-7　点框法示意图　(单位:mm)

(2)条粘法。采用专用锯齿抹刀，将胶粘剂均匀布置于保温板面(如图 2-8 所示)，然后将保温板按设计位置平贴上去，再调整平整度。

每层保温板竖向缝错缝板长 1/2，最小错缝宽度不应小于 200 mm。第二层保温板与第一层横向、竖向均应错缝，且错缝宽度不应小于 200 mm。保温板的立面排板参见图 2-9。

阴、阳角部位保温板应交叉错缝咬合粘贴，阳角排板参见图 2-10。当板间发现有较大的缝隙或孔洞时应拆除重新粘贴。

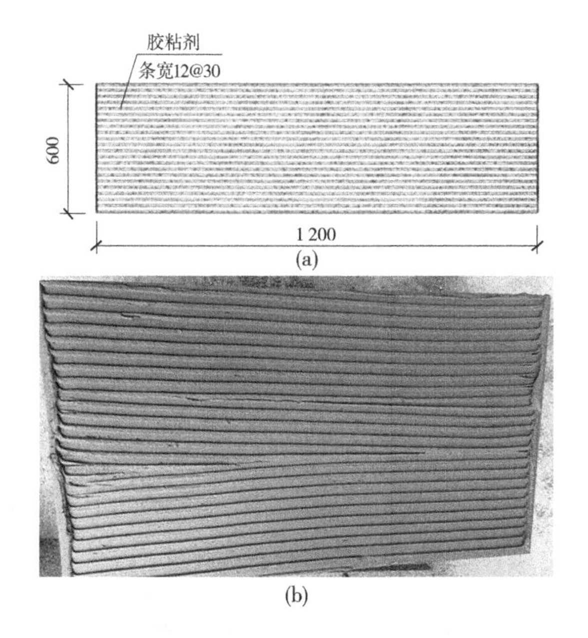

图 2-8　条粘法示意图　(单位:mm)

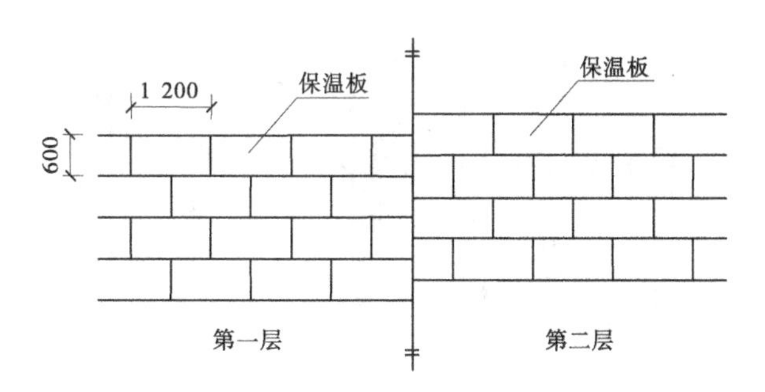

图 2-9　保温板的立面排板图　(单位:mm)

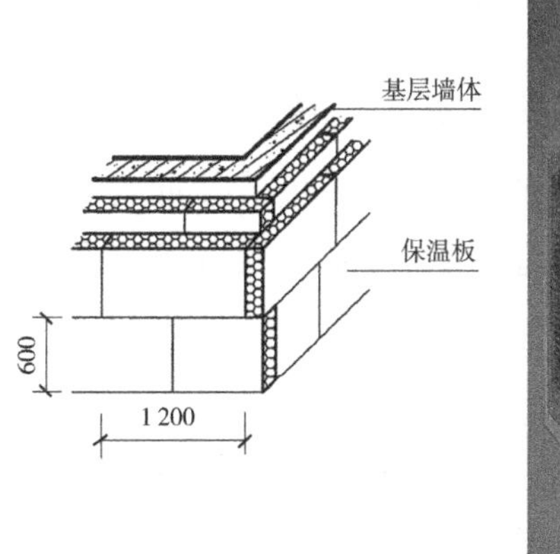

图 2-10　保温板的阳角排板图　(单位:mm)

门窗洞口四角的保温板应裁割成L形进行整板粘贴，预埋件与基层墙面之间的空隙应采用保温块塞严塞实，门窗洞口保温板的排板参见图2-11。

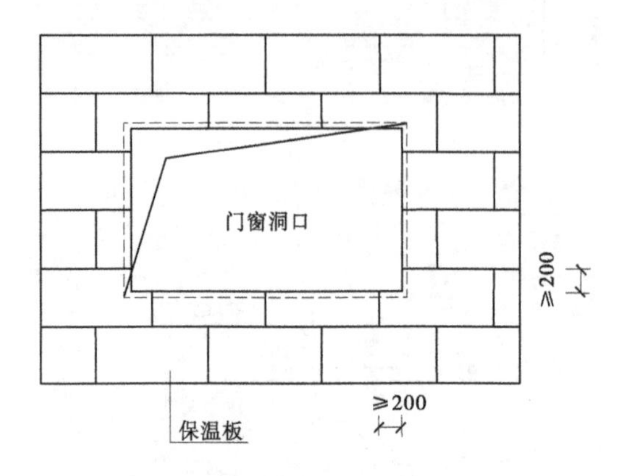

图2-11 门窗洞口保温板的排板图 （单位：mm）

当外窗采用外挂法安装时，第一层保温板粘贴完成面应与窗框表面齐平，第二层保温板形成压窗框，如图2-12所示。

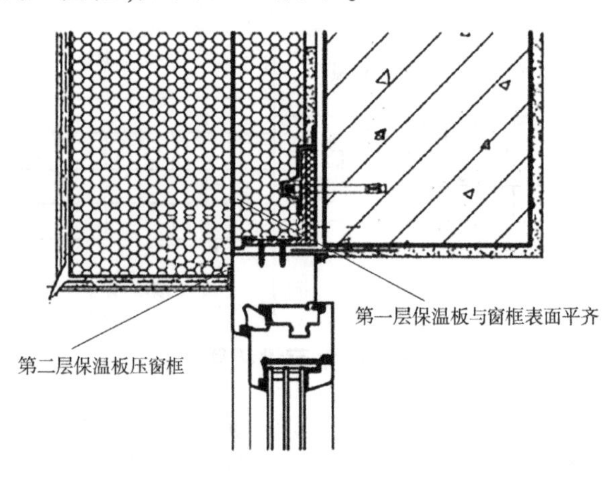

图2-12 窗洞口保温板与外窗的保温配合

当保温材料为挤塑聚苯板时，挤塑聚苯板的粘贴面与抹面胶浆的抹灰面应在施工前满涂界面处理剂，待界面处理剂晾干后方可进行胶粘剂布胶与挤塑聚苯板铺贴。

6. 安装断热桥锚栓

断热桥锚栓安装至少在保温板粘贴24 h后进行，阳角、门窗洞口处距离边缘300 mm位置实施增强处理。锚栓布置数量应满足相关标准规范要求。有机类保温板外墙外保温系统宜采用沉入式安装断热桥锚栓。

操作方法为：在安装位置钻孔，放入锚栓，并拍至保温板面。使用专用开孔器将锚栓旋入保温板内，再将配套的同规格圆形保温盖板安装至孔内。打磨边缘处调整板面平整度。

锚栓入墙深度应满足相关标准规范要求。沉入式安装法示意图参见图2-13。

图2-13 沉入式安装法示意图

7. 配置抹面胶浆

抹面胶浆的配置方法与胶粘剂一致,其外观和性状也与胶粘剂相似,因此一定要注意区别包装袋上的标记和颜色,不得混淆误用。

8. 抹底层抹面胶浆

在保温板表面涂抹底层抹面胶浆,同时安装护角线条、滴水线条和附加增强网,如图 2-14 所示。

图 2-14 装护角线条和附加增强网

9. 铺设玻纤网

在底层抹面胶浆凝结前进行大面挂网施工。将玻纤网横向铺贴并压入胶浆内,玻纤网左右搭接宽度不小于 100 mm,上下搭接宽度不小于 80 mm(见图 2-15),严禁干挂网及挂花网的情形出现。

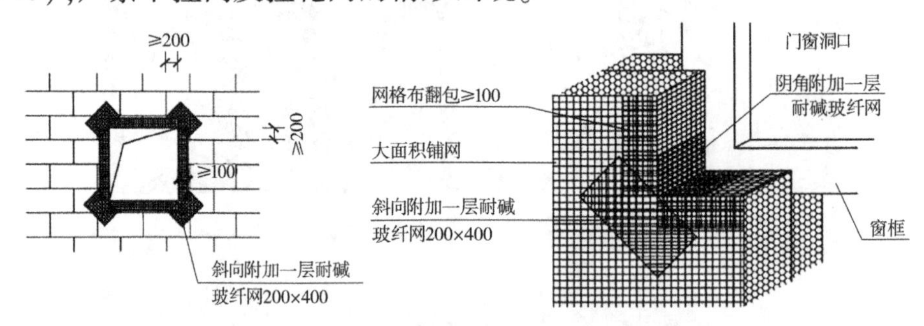

图 2-15 门窗洞口玻纤网增强示意图 (单位:mm)

10. 抹面层抹面胶浆

待底层抹面胶浆稍干硬至可以触碰时再抹第二遍抹面胶浆,以完全覆盖玻纤网、微见玻纤网轮廓为宜。

11. 防火隔离带施工

根据《建筑设计防火规范(2018 年版)》(GB 50016—2014),当外墙外保温系统采用燃烧性能为 B_1、B_2 级保温材料时,应设置防火隔离带。具体做法参见本指南 2.7 节中防火隔离带施工做法。

12. 饰面层施工

有机类保温板薄抹灰外墙外保温系统的饰面层宜选择与系统相容性好、透汽性高的涂料或饰面砂浆等轻质材料，施工按《建筑涂饰工程施工及验收规程》(JGJ/T 29—2015)的要求进行。

2.4　岩棉薄抹灰外墙外保温系统施工

岩棉薄抹灰外墙外保温系统是置于建筑物外墙外侧，与基层墙体采用锚固和粘结方式固定的保温系统。系统由以岩棉板或岩棉条为保温层、固定保温层的断热桥锚栓和胶粘剂、抹面胶浆与玻纤网复合而成的抹面层、饰面层等组成，如图 2-16 所示。

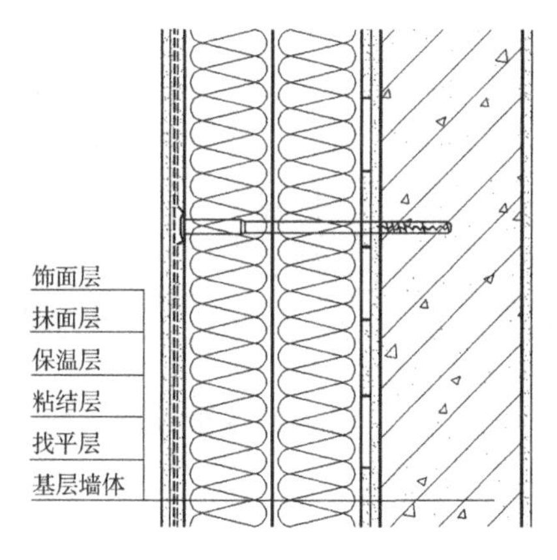

图 2-16　岩棉薄抹灰外墙外保温系统构造节点

2.4.1　系统性能要求

岩棉薄抹灰外墙外保温系统的性能应符合表 2-12 的要求。

2.4.2　材料性能要求

2.4.2.1　岩棉

岩棉导热系数低，防火和耐火性能优异，是世界上应用范围最广、最普及的 A 级建筑保温材料之一，根据制作工艺的不同分为岩棉板与岩棉条。岩棉板以玄武岩及其他火成岩等天然矿石为主要原料，经高温熔融后，通过离心力制成无机纤维，加适量的热固性树脂胶粘剂及憎水剂等，经压制、固化、切割等工艺制成的板状制品。岩棉条是将岩棉板以一定的间距切割成条状翻转 90°

使用的条状制品,其主要纤维层方向与表面垂直。岩棉的主要性能指标应符合表 2-13 的要求。

表 2-12　岩棉薄抹灰外墙外保温系统的性能指标

项目			性能指标
耐候性	外观		不得出现饰面层起泡或剥落、防护层空鼓或脱落等破坏,不得产生渗水裂缝
	抹面层与保温层拉伸粘结强度(MPa)	岩棉板	≥0.015,破坏发生在岩棉板内
		岩棉条	≥0.08,破坏发生在岩棉条内
吸水量(g/m²)			≤500
抗冲击性	建筑物二层及二层以上墙面		3J 级
	建筑物首层墙面及门窗洞口等易受碰撞部位		10J 级
水蒸气透过湿流密度[g/(m²·h)]			应满足防潮冷凝设计要求
不透水性			2 h 不透水(试样抹面层内侧无水渗透)
耐冻融	冻融后外观		30 次冻融循环后防护层无空鼓、脱落,无渗水裂缝
	抹面层与保温层拉伸粘结强度(MPa)	岩棉板	≥0.015
		岩棉条	≥0.08
抗风载荷性能			不小于工程项目风载荷设计值

表 2-13　岩棉的主要性能指标

项目		性能指标	
		岩棉板	岩棉条
垂直于板面方向的抗拉强度(MPa)		≥0.015	≥0.10
湿热抗拉强度保留率(%)		≥50	
横向剪切强度标准值(Fτk)		—	≥20
横向剪切模量(MPa)		—	≥1.0
导热系数(平均温度 25 ℃)[W/(m·K)]		≤0.040	≤0.046
吸水量(部分浸入)(kg/m²)	24 d	≤0.4	≤0.5
	28 d	≤1.0	≤1.5
质量吸湿率(%)		≤1.0	
酸度系数		≥1.8	
燃烧性能等级		A 级	

2.4.2.2　胶粘剂与抹面胶浆

近零能耗建筑采用岩棉薄抹灰外墙外保温系统时所使用的胶粘剂与抹面胶浆的性能指标较普通节能建筑有所提高,具体参数如表2-14和表2-15所示。

表2-14　胶粘剂的主要性能指标

<table>
<tr><th colspan="3">项目</th><th colspan="2">性能指标</th></tr>
<tr><td rowspan="3">拉伸粘结强度
(与水泥砂浆)(MPa)</td><td colspan="2">原强度</td><td colspan="2">≥0.6</td></tr>
<tr><td rowspan="2">耐水
强度</td><td>浸水48 h,干燥2 h</td><td colspan="2">≥0.3</td></tr>
<tr><td>浸水48 h,干燥7 d</td><td colspan="2">≥0.6</td></tr>
<tr><td rowspan="6">拉伸粘结强度
(与岩棉板/条)(MPa)</td><td colspan="2" rowspan="2">原强度</td><td>岩棉板</td><td>≥0.015</td></tr>
<tr><td>岩棉条</td><td>≥0.08</td></tr>
<tr><td rowspan="4">耐水
强度</td><td rowspan="2">浸水48 h,干燥2 h</td><td>岩棉板</td><td>≥0.015</td></tr>
<tr><td>岩棉条</td><td>≥0.06</td></tr>
<tr><td rowspan="2">浸水48 h,干燥7 d</td><td>岩棉板</td><td>≥0.015</td></tr>
<tr><td>岩棉条</td><td>≥0.08</td></tr>
<tr><td colspan="3">可操作时间(h)</td><td colspan="2">1.5~4.0</td></tr>
</table>

表2-15　抹面胶浆的主要性能指标

<table>
<tr><th colspan="3">项目</th><th>性能指标</th></tr>
<tr><td rowspan="4">拉伸粘结强度
(与岩棉板)(MPa)</td><td colspan="2">原强度</td><td>≥0.015,破坏发生在岩棉板中</td></tr>
<tr><td rowspan="3">耐水
强度</td><td>浸水48 h,干燥2 h</td><td>≥0.015</td></tr>
<tr><td>浸水48 h,干燥7 d</td><td>≥0.015</td></tr>
<tr><td>冻融后</td><td>≥0.015</td></tr>
<tr><td rowspan="4">拉伸粘结强度
(与岩棉条)(MPa)</td><td colspan="2">原强度</td><td>≥0.08,破坏发生在岩棉条中</td></tr>
<tr><td rowspan="3">耐水
强度</td><td>浸水48 h,干燥2 h</td><td>≥0.08</td></tr>
<tr><td>浸水48 h,干燥7 d</td><td>≥0.08</td></tr>
<tr><td>冻融后</td><td>≥0.08</td></tr>
<tr><td rowspan="2">柔韧性</td><td colspan="2">压折比(水泥基)</td><td>≤3.0</td></tr>
<tr><td colspan="2">开裂应变(非水泥基)(%)</td><td>≥1.5</td></tr>
<tr><td colspan="3">抗冲击性</td><td>3J级</td></tr>
<tr><td colspan="3">吸水量(g/m³)</td><td>≤500</td></tr>
<tr><td colspan="3">不透水性</td><td>试样抹面层内无水渗透</td></tr>
<tr><td colspan="3">可操作时间(水泥基)(h)</td><td>1.5~4.0</td></tr>
</table>

2.4.2.3 断热桥锚栓

岩棉薄抹灰外墙外保温系统中断热桥锚栓的性能指标如表 2-16 所示。

表 2-16 岩棉用断热桥锚栓的性能指标

<table>
<tr><th colspan="2">项目</th><th>岩棉条</th><th>岩棉板</th></tr>
<tr><td rowspan="5">抗拉承载力标准值(kN)</td><td>普通混凝土墙体(C25)</td><td>≥0.60</td><td>≥1.2</td></tr>
<tr><td>实心砌体墙体(MU15)</td><td>≥0.50</td><td>≥0.80</td></tr>
<tr><td>多孔砖砌体墙体(MU15)</td><td>≥0.40</td><td>—</td></tr>
<tr><td>混凝土空心砌体墙体(MU10)</td><td>≥0.30</td><td>—</td></tr>
<tr><td>蒸压加气混凝土砌块墙体(A5.0)</td><td>≥0.30</td><td>≥0.60</td></tr>
<tr><td colspan="2">锚盘抗拉力标准值(kN)</td><td>≥0.50</td><td>≥0.50</td></tr>
<tr><td colspan="2">锚盘直径(mm)</td><td colspan="2">≥60</td></tr>
<tr><td colspan="2">膨胀套管直径(mm)</td><td colspan="2">≥8</td></tr>
<tr><td colspan="2">锚盘刚度(kN/mm)</td><td>—</td><td>≥0.50</td></tr>
<tr><td colspan="2">防热桥构造</td><td colspan="2">锚栓由塑料隔热端帽,或由玻璃纤维增强的塑料钉阻断</td></tr>
</table>

2.4.2.4 玻纤网

玻纤网性能指标可参见“第 2 章 2.3.2 材料性能要求”中玻纤网的性能指标。

2.4.3 施工工艺

2.4.3.1 工艺流程

岩棉薄抹灰外墙外保温系统施工工艺流程见图 2-17。

2.4.3.2 操作要点

1. 基层验收

岩棉薄抹灰外墙外保温系统的基层验收工作要求与有机类保温板一致,可参见“第 2 章 2.3.3 施工工艺”中的基层验收。

2. 挂基准线、弹控制线

挂基准线:在建筑外墙阴、阳角及其他必要处挂垂直基准钢线,垂线与墙

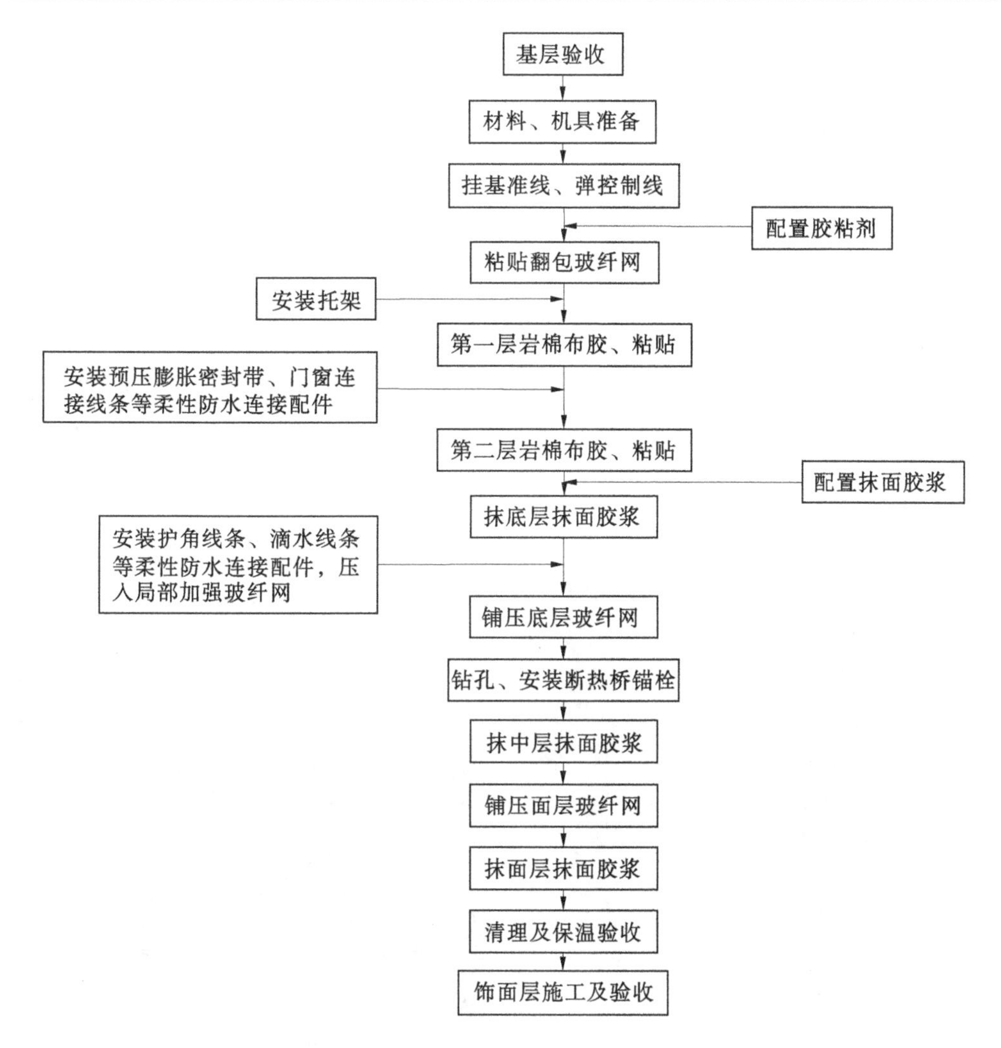

图2-17　岩棉薄抹灰外墙外保温系统施工工艺流程

面的间距为所贴岩棉厚度。在每个楼层适当位置挂水平线，以控制岩棉的垂直度和平整度。

弹控制线：根据建筑物立面设计，在墙面弹出外门窗水平、垂直控制线，应视墙面洞口分布进行岩棉排板并做相应标记。

3. 配置胶粘剂

岩棉薄抹灰外墙外保温系统所用胶粘剂的配置方法与有机类保温板一致，可参见“第2章2.3.3　施工工艺”中的胶粘剂的配置方法。

4. 粘贴翻包玻纤网

在岩棉外墙外保温系统起始位置（及终端位置）墙面布置胶粘剂，将玻纤网一端压入胶粘剂内，边缘多余胶粘剂清理干净，余下的玻纤网甩出备用，甩出部分长度包裹岩棉的板端露于板面部分不小于 100 mm。

5. 安装托架

岩棉薄抹灰外墙外保温系统在粘贴岩棉前,应先安装托架。托架挑出基层墙体部分的长度不应大于岩棉厚度的 2/3 且不应小于岩棉厚度的 1/3;宜使用断热桥托架,当使用金属托架时宜在与基层墙体之间设置隔热垫块,隔热垫块的厚度不应小于 5 mm。

6. 岩棉界面处理

岩棉的粘贴面与抹面胶浆的抹灰面应在施工前满涂界面处理剂,如图 2-18 所示,待其表面晾干至不粘手后方可开始布胶粘贴。界面剂性能指标应满足表 2-6 的要求。也可在基层墙面涂刷界面砂浆。

(a) (b)

图 2-18 岩棉界面处理

7. 粘贴岩棉

岩棉粘贴方式与有机类保温板粘贴方式基本一致,宜采用点框法或条粘法双层错缝铺贴。

岩棉条外保温系统与基层墙体的连接固定应采用粘结为主、机械锚固为辅的方式;岩棉板外保温系统与基层墙体的连接固定应采用机械锚固为主、粘结为辅的方式。岩棉条与基层墙体的有效粘结面积率不应小于 80%,岩棉板与基层墙体的有效粘结面积率不应小于 60%。

因岩棉板自重较大,为增加双层岩棉板之间的粘结强度,可在第一层岩棉板粘贴完成后,先做一道抹面胶浆并铺压一道玻纤网,待干燥后再粘结第二层岩棉板。

岩棉板的立面排板、阳角排板及门窗洞口的排板要求分别见图2-9、图2-10及图2-11。岩棉条的立面排板及阳角排板如图2-19和图2-20所示。

1 200
岩棉条
150
岩棉条
第一层
第二层

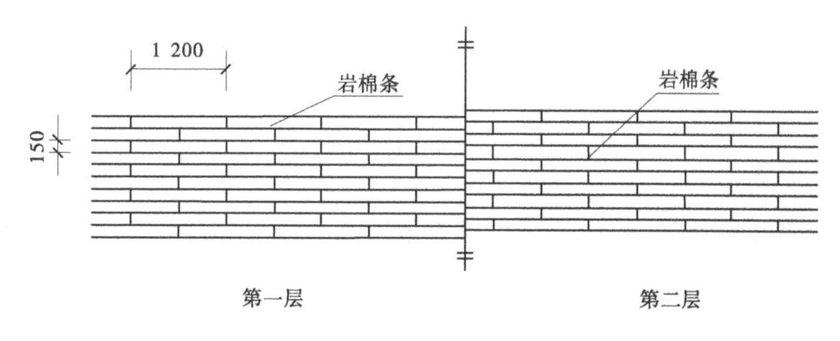

图2-19 岩棉条的立面排板图 （单位：mm）

8. 配置抹面胶浆

抹面胶浆的配置方法与胶粘剂一致，其性状也与胶粘剂相似，因此一定要注意区别包装袋上的标记和颜色，不得混淆误用。

基层墙体
岩棉条
150
1 200

图2-20 岩棉条的阳角排板图 （单位：mm）

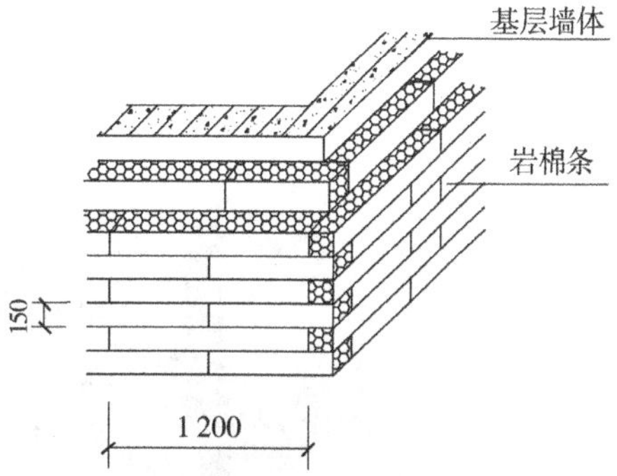

9. 抹底层抹面胶浆

为提高岩棉薄抹灰外墙外保温系统的抗风荷载承载力，宜采用双层玻纤网的铺压工艺，并采用断热桥锚栓压住底层玻纤网。

在岩棉表面涂抹底层抹面胶浆，同时安装护角线条、滴水线条及附加增强网，如图2-21所示。

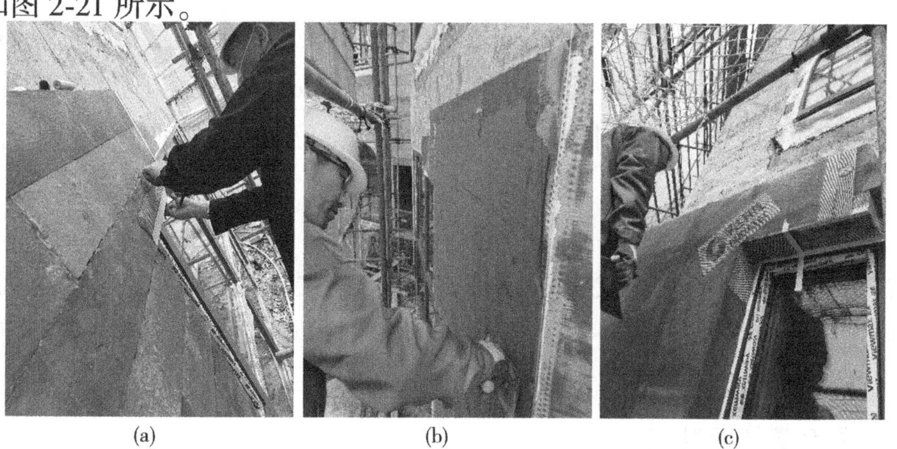

(a) (b) (c)

图2-21 抹底层抹面胶浆、安装附加增强网

10. 铺压底层玻纤网

在底层抹面胶浆凝结前进行大面挂网施工。将玻纤网横向铺贴并压入胶浆内，玻纤网左右搭接宽度不小于 100 mm，上下搭接宽度不小于 80 mm，严禁干挂网及挂花网的情形出现。

11. 安装断热桥锚栓

岩棉铺贴 24 h 后，可安装断热桥锚栓。为避免岩棉板因自重较大，在胶粘剂未产生强度前出现滑移现象，可在粘贴完第一层岩棉板后，预先安装少量断热桥锚栓作为辅助固定。岩棉薄抹灰外墙外保温系统宜采用敲击式安装断热桥锚栓，如图 2-22 所示。

(a)　(b)

图 2-22　安装断热桥锚栓

在安装位置钻孔，放入套管，将其拍至岩棉的板面。再将钉芯敲击进墙。岩棉条外保温工程不应小于 5 个/m^2；岩棉板外保温工程不应小于 5 个/m^2，且不宜大于 14 个/m^2，锚栓中心间距不应小于 260 mm。锚栓与基层墙体的有效锚固深度不应小于 25 mm，且应符合设计要求。必要时，可使用扩压盘，扩压盘直径不应小于 140 mm。

12. 抹中层抹面胶浆并铺压玻纤网

待底层抹面胶浆稍干硬至可以触碰时，抹中层抹面胶浆，在中层抹面胶浆凝结前将玻纤网横向铺贴并压入胶浆内，玻纤网左右搭接宽度不小于 100 mm，上下搭接宽度不小于 80 mm。

13. 抹面层抹面胶浆

待中层抹面胶浆稍干硬至可以触碰时再抹面层抹面胶浆，以完全覆盖玻纤网、微见玻纤网轮廓为宜。

14. 饰面层施工

岩棉薄抹灰外墙外保温系统的饰面层宜采用透气性较好的涂料或饰面砂浆，严禁采用面砖。施工时依照《建筑涂饰工程施工及验收规程》(JGJ/T 29—2015)等相关标准规范要求施工。

2.5 真空绝热板薄抹灰外墙外保温系统施工

真空绝热板薄抹灰外墙外保温系统是置于建筑物外墙外侧，由粘结层、真空绝热板保温层、抹面层和饰面层组成。真空绝热板采用胶粘剂粘贴在基层墙体上，板缝处采用锚栓辅助固定；抹面层中压入玻纤网；饰面层可采用透气性较好的涂料和饰面砂浆。其基本构造如图 2-23 所示。

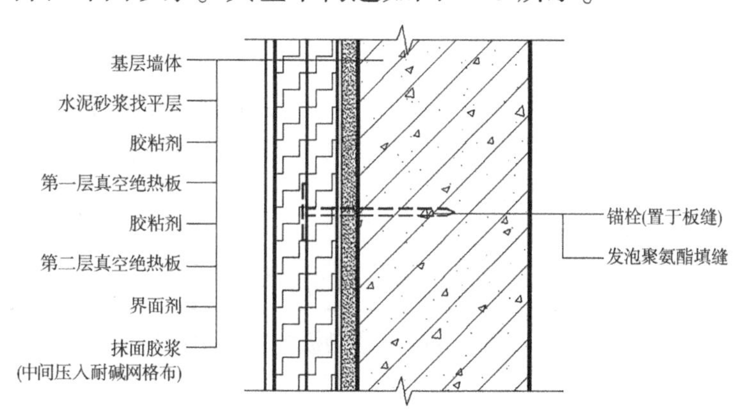

图 2-23　真空绝热板外墙外保温系统构造节点

2.5.1 系统性能要求

真空绝热板薄抹灰外墙外保温系统的性能应符合表 2-17 的要求。

2.5.2 材料性能要求

2.5.2.1 真空绝热板

真空绝热板是以芯材和吸气剂为填充材料，使用复合阻气膜作为包裹材料，经抽真空、封装等工艺制成的建筑保温用板状材料。真空绝热板导热系数非常低，防火阻燃性能能够达到 A 级，属于不燃材料。当选用真空绝热板作为外墙保温材料时，其性能指标应符合表 2-18 的要求。

表 2-17 真空绝热板薄抹灰外墙外保温系统的性能指标

项目		性能指标
耐候性	外观	无饰面层起泡或剥落、保护层空鼓或脱落等破坏,无渗水裂缝
	抹面层与保温层拉伸粘结强度(MPa)	≥0.08
抗风载荷性能		系统抗风压值 R_d 不小于工程项目的风荷载设计值
抗冲击性	建筑物二层及二层以上墙面等不易受碰撞部位	3J 级
	建筑物首层墙面及门窗洞口等易受碰撞部位	10J 级
吸水量(g/m^2)		≤500
耐冻融性能	外观	无饰面层起泡或剥落、保护层空鼓或脱落等破坏,无渗水裂缝
	抹面层与保温层拉伸粘结强度(MPa)	≥0.08
水蒸气湿流密度[$g/(m^2 \cdot h)$]		≥0.85

表 2-18 建筑用真空绝热板的主要性能指标

项目		指标		
		Ⅰ型	Ⅱ型	Ⅲ型
导热系数[$W/(m \cdot K)$]		≤0.005	≤0.008	≤0.012
穿刺强度(N)		≥18		
垂直于板面方向的抗拉强度(MPa)		≥0.08		
尺寸稳定性(%)	长度、宽度	≤0.5		
	厚度	≤3.0		
压缩强度(MPa)		≥0.10		
表面吸水量(g/m^2)		≤100		
穿刺后垂直于板面方向的膨胀率(%)		≤10		
耐久性(30 次循环)	导热系数[$W/(m \cdot K)$]	≤0.005	≤0.008	≤0.012
	垂直于板面方向的抗拉强度(MPa)	≥0.08		
燃烧性能		A 级		

2.5.2.2 胶粘剂与抹面胶浆

真空绝热板薄抹灰外墙外保温系统所用的胶粘剂性能指标应符合表 2-19 的规定。抹面胶浆采用的砂粒最大粒径不应大于抹面层厚度的 1/3，其性能指标应符合表 2-20 的规定。

表 2-19　胶粘剂的主要性能指标

项目			性能指标
拉伸粘结强度（与水泥砂浆）（MPa）	原强度		≥0.6
	耐水强度	浸水 48 h，干燥 2 h	≥0.3
		浸水 48 h，干燥 7 d	≥0.6
拉伸粘结强度（与真空绝热板）（MPa）	原强度		≥0.08
	耐水强度	浸水 48 h，干燥 2 h	≥0.06
		浸水 48 h，干燥 7 d	≥0.08
可操作时间（h）			1.5~4.0

表 2-20　抹面胶浆的主要性能指标

项目			性能指标
拉伸粘结强度（与真空绝热板）（MPa）	原强度		≥0.08
	耐水强度	浸水 48 h，干燥 2 h	≥0.06
		浸水 48 h，干燥 7 d	≥0.08
	耐冻融强度		≥0.08
水泥基抹面胶浆压折比			≤3.0
可操作时间（h）			1.5~4.0

2.5.2.3 聚氨酯泡沫填缝剂

聚氨酯泡沫填缝剂是一种将聚氨酯预聚物、发泡剂、催化剂等组分装填于耐压气雾罐中的特殊聚氨酯产品，具有前发泡、高膨胀、收缩小等优点，且泡沫的强度良好、粘结力高，固化后的泡沫具有填缝、粘结、密封、隔热、吸音等多种效果，在真空绝热板薄抹灰外墙外保温系统中主要用于填充真空绝热板之间的板缝。其性能指标应符合表 2-21 的规定。

表 2-21　聚氨酯泡沫填缝剂的性能指标

项目	性能指标		
密度(kg/m^3)	≥10		
导热系数[W/(m · K)]	≤0.05		
尺寸稳定性(%)	≤5		
燃烧性能等级	B_2 级		
粘结强度(kPa)	铝板	标准条件,7 d	≥80
		浸水,7 d	≥60
	PVC 塑料板	标准条件,7 d	≥80
		浸水,7 d	≥60
	水泥砂浆板	≥60	
剪切强度(kPa)	≥80		
发泡倍数	≥指标值-10		

2.5.2.4　玻纤网

玻纤网性能指标可参见“第 2 章 2.3.2　材料性能要求”中的玻纤网性能指标。

2.5.2.5　锚栓

锚栓由膨胀件和膨胀套管组成,或仅由膨胀套管构成,依靠膨胀产生的摩擦力或机械锁定作用连接保温系统与基层墙体的机械固定件。锚栓用于真空绝热板薄抹灰外墙外保温系统时,性能指标应符合表 2-22 的规定。

表 2-22　锚栓的性能指标

项目		性能指标
锚栓抗拉承载力标准值 F_k	普通混凝土基层墙体	≥0.60
	实心砌体基层墙体	≥0.50
	多孔砖砌体基层墙体	≥0.40
	空心砌块基层墙体	≥0.30
	蒸压加气混凝土基层墙体	≥0.30
圆盘抗拔力标准值 F_{Rk}		≥0.50

2.5.3 施工工艺

2.5.3.1 工艺流程

真空绝热板薄抹灰外墙外保温系统施工工艺流程见图 2-24。

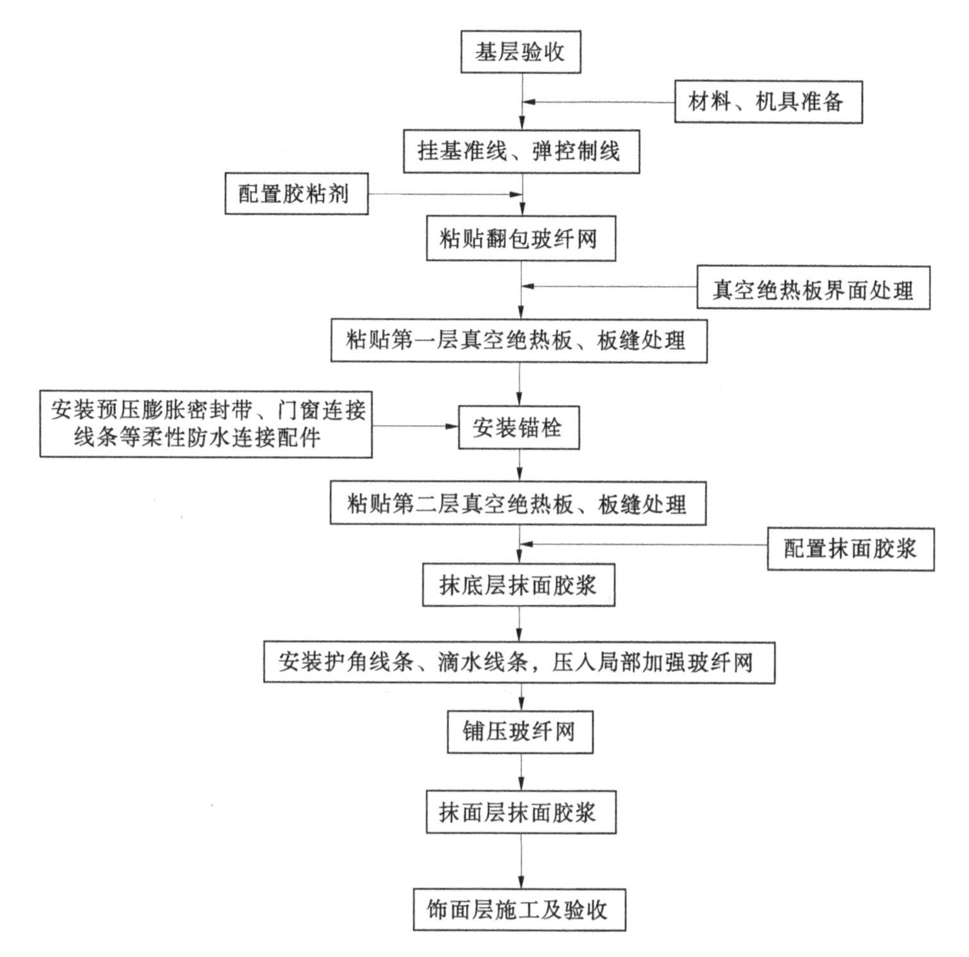

图 2-24 真空绝热板薄抹灰外墙外保温系统施工工艺流程

2.5.3.2 操作要点

1. 基层验收

真空绝热板薄抹灰外墙外保温系统的基层清理验收工作要求与有机类保温板一致(见图 2-25),可参见“第 2 章 2.3.3 施工工艺”中的基层清理验收。

2. 挂基准线、弹控制线

(1)挂基准线。在建筑外墙阴、阳角及其他必要处挂垂直基准钢线,垂线与墙面的间距为真空绝热板厚度。在每个楼层适当位置挂水平线,以控制真空绝热板的垂直度和水平度。

图 2-25　基层墙体处理、安装预埋件

(2)弹控制线。根据建筑物立面设计,在墙面弹出外门窗水平、垂直控制线,应视墙面洞口分布进行真空绝热板的排板并做相应标记(见图 2-26)。

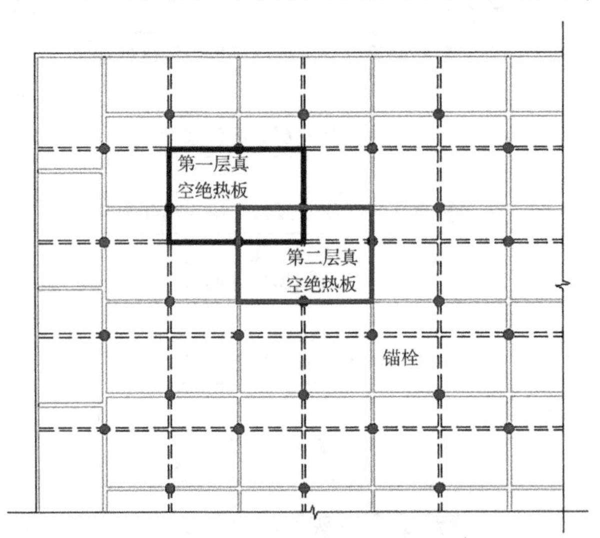

图 2-26　真空绝热板排板图

3. 配置胶粘剂

真空绝热板薄抹灰外墙外保温系统所用胶粘剂的配置方法与有机类保温板一致,可参见“第 2 章 2.3.3　施工工艺”中配置胶粘剂。

4. 真空绝热板界面处理

界面处理剂严格按照配比配置,并采用滚筒涂刷或机械喷涂的方法,喷刷于真空绝热板表面。刷完后在阴凉干燥处干燥 2 h。界面剂性能指标可参见表 2-6。

5. 粘贴翻包玻纤网

在真空绝热板外墙外保温系统起始位置(及终端位置)墙面布置胶粘剂，将玻纤网一端压入胶粘剂内，边缘多余胶粘剂清理干净，余下的玻纤网甩出备用，甩出部分长度包裹真空绝热板端露于板面部分不小于100 mm。

6. 粘贴第一层真空绝热板

真空绝热板应根据设计图纸绘制排板图，并宜采用合适尺寸的真空绝热板将保温墙体整体覆盖；当保温墙体边缘部位不能采用整块真空绝热板时，可选用其他保温材料进行处理。

真空绝热板的粘贴方式一般采用条粘法，粘结面积不应小于真空绝热板面积的80%。

采用专用锯齿抹刀将胶粘剂涂抹在真空绝热板上，粘贴顺序应由下而上沿水平线进行施工，先贴阴阳角，然后施工大墙面。大墙面上的真空绝热板应错缝施工，第一层真空绝热板的板缝不能大于10 mm。同时在需要安装锚栓的部位预埋锚栓标识件，以便锚栓钻孔时准确定位并保护真空绝热板不被破坏。

第一层真空绝热板施工完毕后，静置12 h，检查真空绝热板是否粘贴牢固，松动部位重新施工。粘贴过程中形成的板缝部位采用聚氨酯泡沫填缝剂进行填充(见图2-27)。

图2-27　粘贴第一层真空绝热板并进行板缝填充

7. 安装锚栓

第一层真空绝热板施工完毕后，按设计要求用冲击钻在锚栓标识件位置上钻孔，放入锚栓，将钉芯旋入墙体，如图2-28所示。安装过程中不能破坏真空绝热板的真空度。锚栓布置数量应满足相关标准规范要求。

8. 粘贴第二层真空绝热板

第二层真空绝热板粘贴时应覆盖第一层板缝，且第二层板缝缝宽不得大

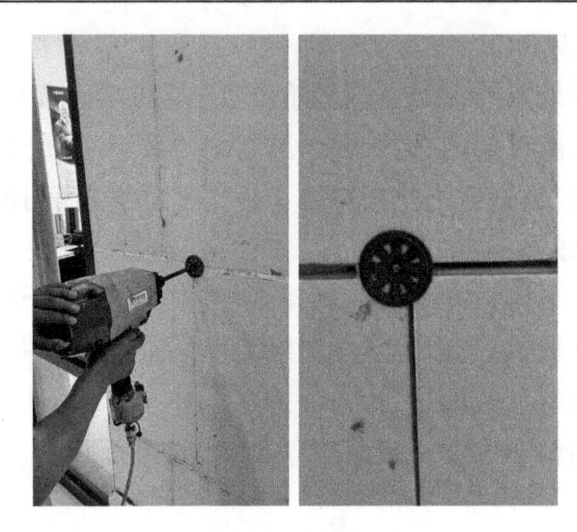

图 2-28　安装锚栓

于 5 mm。粘贴完成后,静置 12 h 以上。检查确定真空绝热板粘贴牢靠后,采用聚氨酯泡沫填缝剂对板缝进行封堵。

真空绝热板立面排板图见图 2-29,粘贴第二层真空绝热板见图 2-30。

600×400	600×400	600×400	600×400
600×400	600×400	600×400	600×400
600×400	600×400	600×400	600×400
600×400	600×400	600×400	600×400
600×400	600×400	600×400	600×400

600×300	600×250	600×250	600×250
	600×400	600×400	600×400
600×300	600×400	600×400	600×400
	600×400	600×400	600×400
600×300	600×400	600×400	600×400

图 2-29　真空绝热板立面排板图　(单位:mm)

9. 配置抹面胶浆

抹面胶浆的配置方法与胶粘剂一致,其性状也与胶粘剂相似,因此一定要注意区别包装袋上的标记和颜色,不得混淆误用。

10. 抹底层抹面胶浆

在已经过界面处理的真空绝热板表面涂抹底层抹面胶浆,同时安装护角线条、滴水线条和附加增强网(见图 2-31)。

11. 铺设玻纤网

在底层抹面胶浆凝结前进行大面挂网施工。将玻纤网横向铺贴并压入胶浆内,玻纤网左右搭接宽度不小于 100 mm,上下搭接宽度不小于 80 mm,严禁干挂网及挂花网的情形出现。

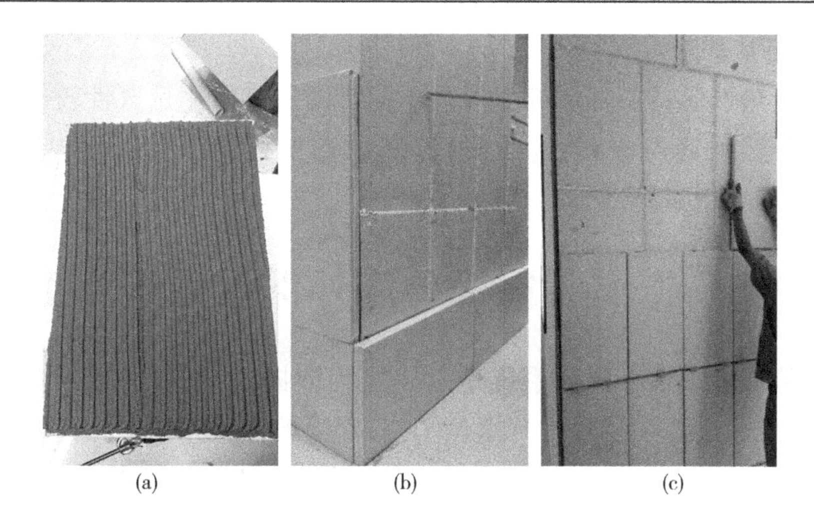
(a)　(b)　(c)

图 2-30　粘贴第二层真空绝热板

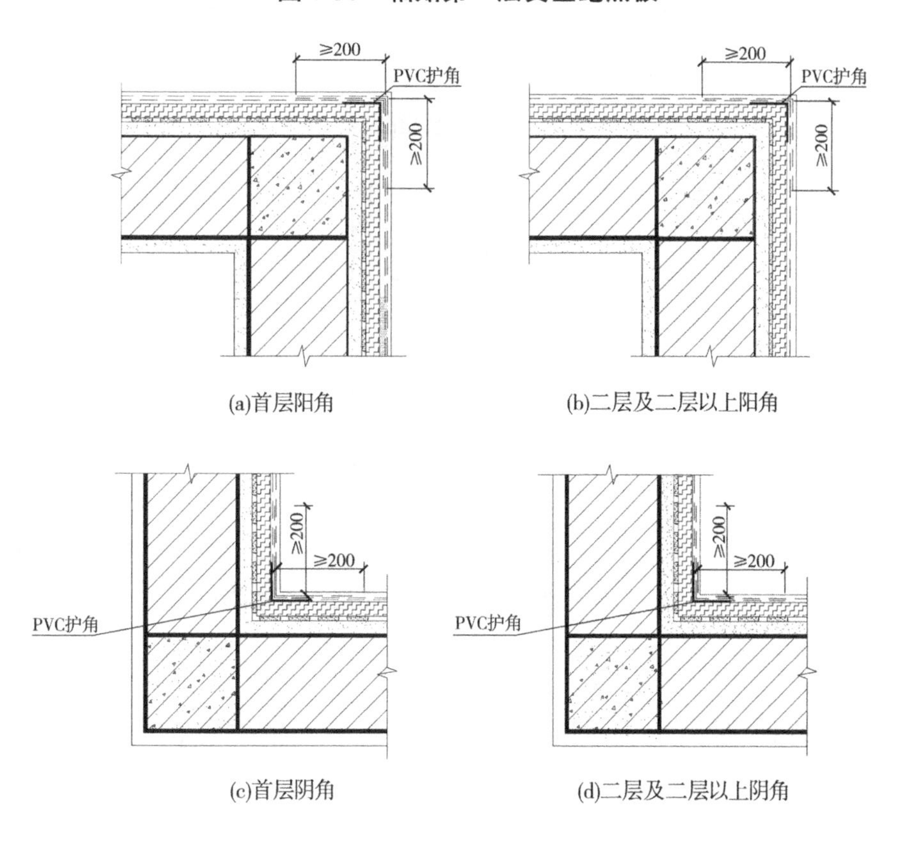

图 2-31　阴阳角部位增强网构造　(单位:mm)

12. 抹面层抹面胶浆

待底层抹面胶浆稍干硬至可以触碰时再抹第二遍抹面胶浆,以完全覆盖玻纤网、微见玻纤网轮廓为宜。

13. 饰面层施工

真空绝热板薄抹灰外墙外保温系统的饰面层宜采用透气性较好的涂料或饰面砂浆等轻质饰面材料，施工按《建筑涂饰工程施工及验收规程》(JGJ/T 29—2015)的要求进行。

2.6　保温装饰板外墙外保温系统施工

保温装饰板外墙外保温系统是由保温装饰板、胶粘剂、锚固件、嵌缝材料和密封胶等组成，置于建筑物外墙外侧，与基层墙体采用粘结和锚固方式施工的非承重保温构造，还包括必要时采用的承托件、防火构造等，其基本构造如图 2-32 所示。当近零能耗建筑的外墙外保温系统使用保温装饰板时，其保温性能必须满足《近零能耗建筑技术标准》(GB 51350—2019)的要求。

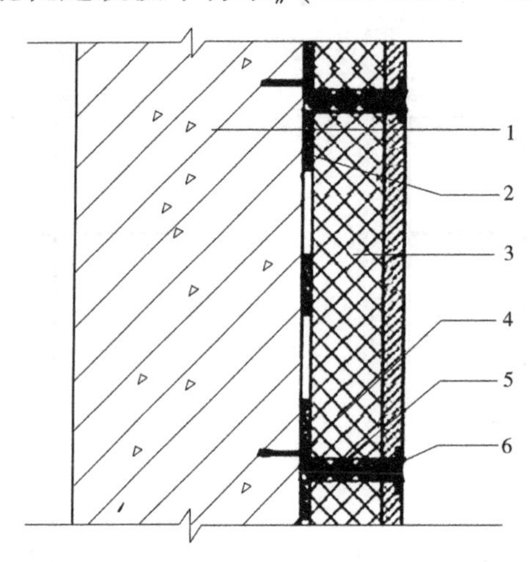

1—基层墙体；2—胶粘剂；3—保温装饰板；4—锚固件；5—嵌缝材料；6—密封胶

图 2-32　保温装饰板外墙外保温系统基本构造

2.6.1　系统性能要求

保温装饰板外墙外保温系统性能应满足表 2-23 的要求。

表 2-23　保温装饰板外墙外保温系统性能要求

项目		性能指标	
		Ⅰ型	Ⅱ型
耐候性	外观	无粉化、起鼓、起泡、脱落现象，无宽度大于 0.10 mm 的裂缝	
	面板与保温材料拉伸粘结强度(MPa)	≥0.10	≥0.15
抗冲击性	二层及二层以上	3J 级	
	首层	10J 级	
抗风载荷性能(kPa)		给出实测值	
拉伸粘结强度	胶粘剂与保温装饰板耐水强度(MPa)	≥0.10	≥0.15
	系统与基层墙体(MPa)	给出实测值	
锚固性能	单点锚固力(kN)	≥0.30	≥0.60
	锚固强度(kPa)	给出实测值	

2.6.2　材料性能要求

2.6.2.1　保温装饰板

保温装饰板是由装饰面板、保温材料、胶粘剂和锚固件构造而成的、在工厂复合成型的板状制品。保温装饰板性能应满足表 2-24 的要求。

2.6.2.2　胶粘剂

保温装饰板外墙外保温系统所用胶粘剂的性能指标应满足表 2-25 的要求。

2.6.2.3　锚固件

保温装饰板外墙外保温系统所用锚固件是由锚栓及配套紧固件组成的保温装饰板固定件，其性能指标应满足表 2-26 的要求。

表 2-24　保温装饰板性能要求

项目		性能指标	
		Ⅰ型	Ⅱ型
外观		表面颜色均匀，无破损、裂缝、分层、脱皮、起鼓等现象	
装饰面板单位面积质量（kg/m^2）	二层及二层以上	<20	20～30
	首层	<30	20～45
拉伸粘结强度（MPa）		≥0.10	≥0.15
抗冲击性	二层及二层以上	3J 级	
	首层	10J 级	
抗弯载荷（N）		不小于板材自重	
吸水量（g/m^2）		≤500	
不透水性		系统内侧未渗透	
燃烧性能等级		岩棉条、真空绝热板 A 级，硬泡聚氨酯、改性聚苯板、模型聚苯板 B_1 级	

表 2-25　胶粘剂的性能指标

项目		性能指标	
		Ⅰ型	Ⅱ型
拉伸粘结强度（与保温装饰板）（MPa）	原强度	≥0.10，破坏发生在保温材料中	≥0.15，破坏发生在保温材料中
	耐水强度	≥0.10	≥0.15
拉伸粘结强度（与水泥砂浆板）（MPa）	原强度	≥0.6	
	耐水强度	≥0.4	
可操作时间（h）		1.5～4.0	

表 2-26　锚固件的性能指标

项目	性能指标	
悬挂力(kN)	≥0.10	
受拉承载力标准值(kN)	混凝土基层墙体	其他基层墙体
	≥0.60	≥0.60

2.6.2.4　**嵌缝材料**

保温装饰板外墙外保温系统所用的嵌缝材料主要有聚乙烯泡沫棒、聚氨酯发泡材料等，当采用聚氨酯泡沫填缝剂时，其性能指标应满足表 2-21 的要求。

2.6.3　施工工艺

2.6.3.1　**工艺流程**

保温装饰板外墙外保温系统施工工艺流程如图 2-33 所示。

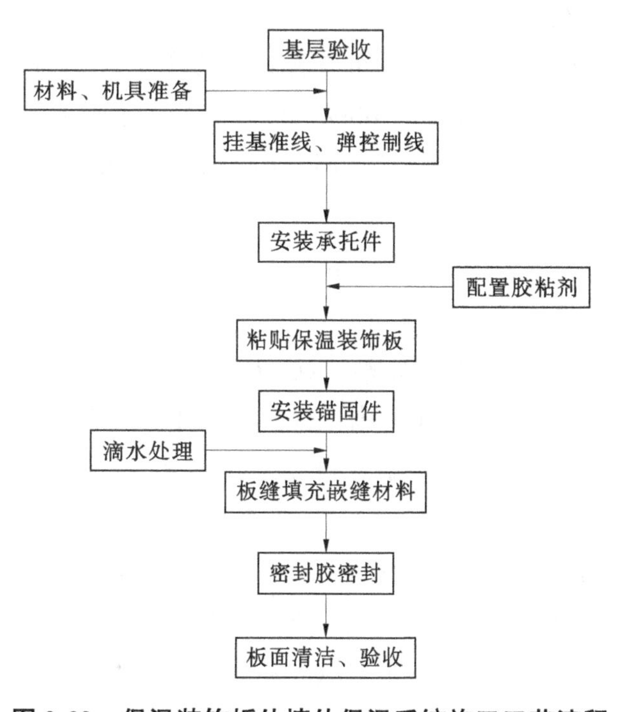

图 2-33　保温装饰板外墙外保温系统施工工艺流程

2.6.3.2　**操作要点**

1. 基层验收

参见 2.3.3 节中的基层清理的验收工作。

2. 挂基准线、弹控制线

(1)挂基准线。施工前应根据设计方案,在墙面上绘制出保温装饰板水平控制线、垂直控制线和分格线。确认基层结构墙体的伸缩缝、结构沉降缝、防震缝等墙体体形突变的具体部位,并做出标记。此外,还应弹出首层散水标高线和伸缩具体位置。

(2)弹控制线。根据建筑立面的设计和外墙外保温的技术要求,在墙面弹出外门窗水平、垂直控制线及伸缩缝线,挂垂直基准钢线,在适当位置挂水平线,以控制墙面的垂直度和平整度。

3. 安装承托件

保温起始位置先设置承托件(也可使用横向设置的锚固件替代),再安装保温装饰板,锚固间距不应大于 600 mm。

4. 配置胶粘剂

保温装饰板外墙外保温系统所用胶粘剂的配置方法与之前所述一致,可参见 2.3.3 节中配置胶粘剂。

5. 粘贴保温装饰板

采用点框法粘贴保温装饰板,布胶方式可参考 2.3.3 节中点框法的做法。保温装饰板粘贴面积比不应小于 60%,且应符合设计要求。边角部位及小尺寸板材应增加粘贴面积比。保温装饰板涂胶后,应立即将板按压在基层墙体上并滑动就位。

保温装饰板粘贴上墙后,应用 2 m 靠尺随时检查板面平整度,板与板间留缝宽应满足相关标准规范的要求。

阳角部位保温装饰板可采用 90°压边法或 45°对角法安装,对接处宜涂抹胶粘剂,涂抹量以不留空隙为宜。阳角部位保温装饰板距墙角 200 mm 范围内应满粘,安装时应保证内部保温材料连续,两侧保温装饰板顶角处应使用密封胶密封,如图 2-34 所示。

阴角部位保温装饰板应采用搭接法安装,并适当增加保温装饰板粘贴面积比,确保保温装饰板上下固定。两侧保温装饰板缝隙宽度以 5~8 mm 为宜,应使用嵌缝材料填塞后,再使用密封胶密封,如图 2-35 所示。

门窗顶、窗台装饰面板均应形成不小于 5%的向下坡度。

6. 安装锚固件

根据扣件分布图,在规定位置钻出 8 mm 的孔,用于安放膨胀塞,再将扣件插入板内,用螺栓将扣件拧紧。

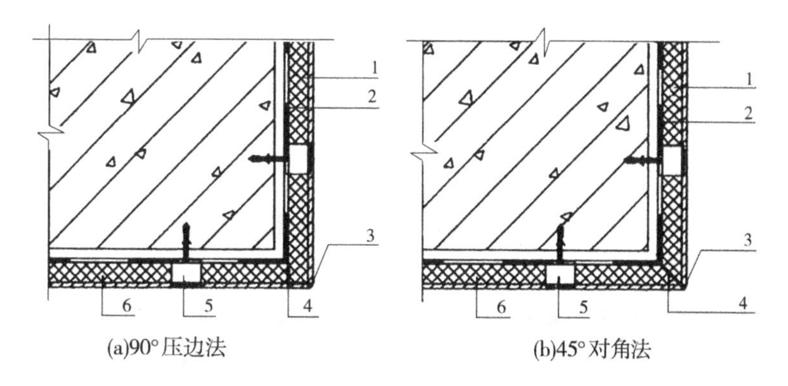

(a)90°压边法　(b)45°对角法

1—保温装饰板A;2,4—胶粘剂;3—密封胶;5—锚固件;6—保温装饰板B

图2-34　阳角保温装饰板安装节点

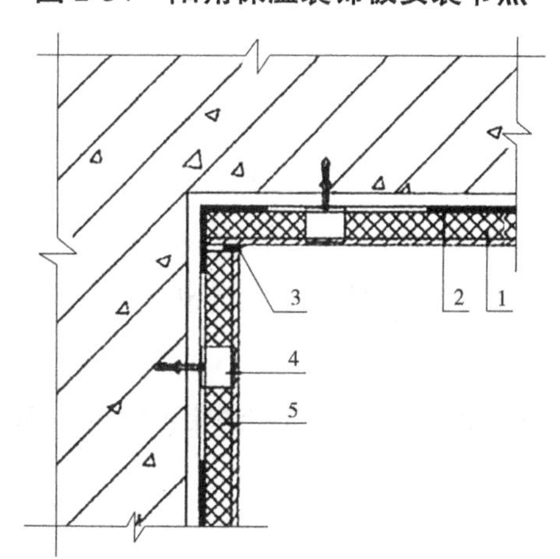

1—保温装饰板A;2—胶粘剂;3—密封胶;4—锚固件;5—保温装饰板B

图2-35　阴角保温装饰板安装节点

在粘贴保温装饰板过程中,锚固件依照粘贴板的次序安装。在规定的位置钻孔,放入锚栓,再将紧固件插入板内,拧紧锚栓。

紧固件一边固定装饰面板,一边与墙体连接,固定边棱不少于两条平行边,锚固点数量不应少于8个/m^2,且不应少于4个/块。

7. 板缝填充嵌缝材料

保温装饰板粘贴24 h后可填塞嵌缝材料,距离板面深度不宜小于5 mm。采用泡沫棒嵌缝时,其直径宜为板缝宽的1.2~1.5倍;采用无机板材嵌缝时,其厚度宜比板缝小1~2 mm。

8. 密封胶密封

填塞嵌缝材料后即可打密封胶。清理板面后,在板缝周围的保温装饰板面贴上纸胶带。密封胶应饱满、密实、连续、均匀、无气泡。

9. 板面清洁、验收

密封胶施工完毕后,去除板缝周围的防护胶带,并对饰面进行板面清洗,清洗完的板面应保证无污染、无刮痕。

2.7 特殊部位做法

外墙外保温系统应注意防火隔离带、雨水管固定件、外遮阳设施、阳台、雨蓬、穿墙管道、变形缝等部位的保温做法,确保外保温系统的连续性和有效性。

2.7.1 材料性能要求

2.7.1.1 预压膨胀密封带

预压膨胀密封带是一种经过特殊浸渍与压缩处理的接缝密封条,在压缩状态下能起到有效的密封作用,从而达到隔声、防雨、防风、绝尘和保温等目的。在近零能耗建筑中,主要应用于门窗框与墙体的接缝密封、门窗框与保温层的接缝密封、金属窗台板与保温层的接缝密封、金属支架与保温层的接缝密封等,其性能指标如表2-27所示。

表2-27 预压膨胀密封带的性能指标

项目	性能指标	
氧指数(%)	≥30	
抗暴风雨强度(Pa)	Ⅰ型	最大承受至300
	Ⅱ型	最大承受至600
耐久性	经过30次-40~70 ℃高低温循环, 满足抗暴风雨强度要求	

2.7.1.2 硅酮密封胶

硅酮密封胶是以聚二甲基硅氧烷为主要原料,辅以交联剂、填料、增塑剂、偶联剂、催化剂在真空状态下混合而成的膏状物,在室温下通过与空气中的水发生反应,固化形成弹性硅橡胶。其性能指标应满足表2-28的要求。

2.7.1.3 隔热垫片、隔热垫块

隔热垫块(片)是以环保的硬泡聚氨酯为主要原料,加入一定量添加助剂,通过压合成型而制得的高密度、高强度复合材料,具有防潮、隔热、阻燃、不开裂及易加工等特性。在近零能耗建筑中,主要应用于金属构件与基层墙体

之间的垫片、门窗框下方的垫块、屋面女儿墙顶端等部位的保温,其性能指标应满足表 2-29 的要求。

表 2-28　硅酮密封胶的性能指标

<table>
<tr><th colspan="3">项目</th><th>技术指标</th></tr>
<tr><td colspan="2" rowspan="2">下垂度(mm)</td><td>垂直放置</td><td>≤3</td></tr>
<tr><td>水平放置</td><td>不变形</td></tr>
<tr><td colspan="3">表干时间(h)</td><td>≤3</td></tr>
<tr><td colspan="3">硬度,Shore A</td><td>20~60</td></tr>
<tr><td rowspan="7">拉伸粘结性</td><td rowspan="5">拉伸粘结强度(MPa)</td><td>23 ℃</td><td>≥0.60</td></tr>
<tr><td>90 ℃</td><td>≥0.45</td></tr>
<tr><td>-30 ℃</td><td>≥0.45</td></tr>
<tr><td>浸水后</td><td>≥0.45</td></tr>
<tr><td>水—紫外线光照后</td><td>≥0.45</td></tr>
<tr><td colspan="2">粘结破坏面积(%)</td><td>≤5</td></tr>
<tr><td colspan="2">23 ℃时最大拉伸强度伸长率(%)</td><td>≥100</td></tr>
<tr><td rowspan="3">热老化</td><td colspan="2">热失重(%)</td><td>≤10</td></tr>
<tr><td colspan="2">龟裂</td><td>无</td></tr>
<tr><td colspan="2">粉化</td><td>无</td></tr>
</table>

表 2-29　高强度聚氨酯保温隔热垫块(片)性能指标

项目	性能指标
密度(kg/m^3)	650±100
导热系数[W/(m·K)]	≤0.10
弯曲强度(MPa)	≥8
抗压强度(MPa)	≥8
剪切强度(MPa)	≥1
螺钻防脱力	≥600
吸水率	≤5
燃烧性能等级	B_2 级

2.7.2 施工做法

2.7.2.1 防火隔离带

根据《建筑设计防火规范(2018 年版)》(GB 50016—2014)的规定,当建筑外墙外保温系统采用燃烧性能等级为 B_1、B_2 级的保温材料时,应在保温系统中每层设置水平防火隔离带。防火隔离带应采用燃烧性能等级为 A 级的材料,防火隔离带的高度不应小于 300 mm。工程中常选用岩棉作为防火隔离带,其性能指标可参考 2.4.2 节中岩棉的材料性能要求。防火隔离带系统构造图如图 2-36 所示。

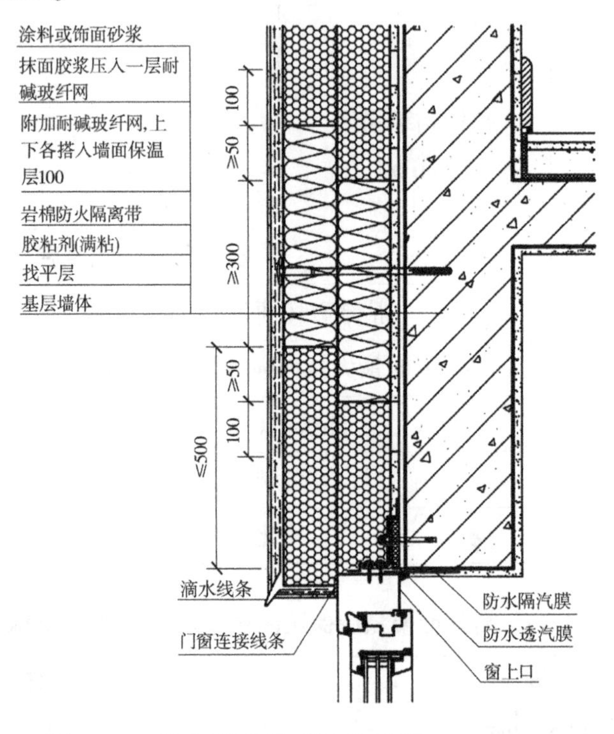

图 2-36　防火隔离带系统构造图　(单位:mm)

岩棉防火隔离带施工与外保温系统同时进行,粘贴工艺可参考 2.4.3 节中的要求,为防止雨水通过岩棉进入外墙外保温系统,应在岩棉表面打磨完成后立即用抹面胶浆及附加玻纤网封闭。

在附加玻纤网上的抹面胶浆还是潮湿的情况下,应安装断热桥锚栓,安装方式可参考 2.4.3 节中敲击式的要求。待抹面胶浆干燥后,再进行大面积的玻纤网施工,挂网工艺可参考 2.4.3 节中的要求。

2.7.2.2 雨水管固定件

在保温施工前雨水管固定件应先安装完毕,待保温完工后再进行雨水管道的安装。

雨水管固定件与墙体之间应采用隔热垫块以避免该位置形成热桥，雨水管固定件与保温板接触的部位采用预压膨胀密封带进行柔性的防水、抗渗漏连接。雨水管部位保温做法参见图2-37。

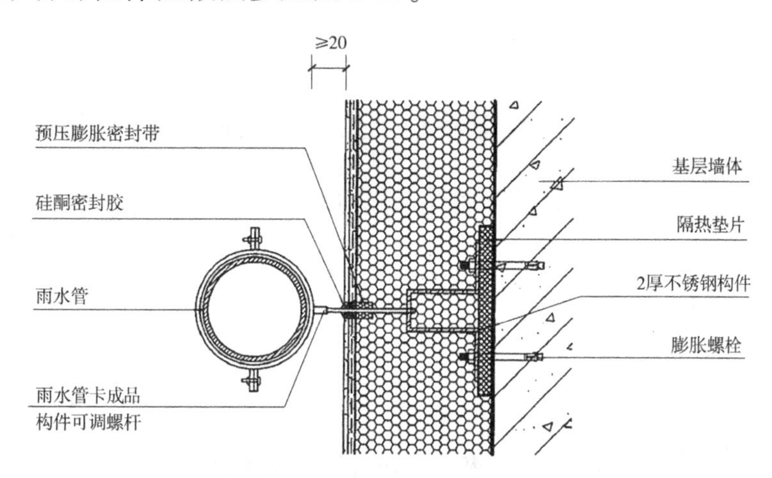

图2-37　雨水管部位保温做法示意图　（单位：mm）

2.7.2.3　外遮阳设施

外墙外保温系统应完全包覆固定外遮阳设施，或从固定外遮阳悬挑处将热桥阻断。活动外遮阳设施则需通过有效的构造措施与外墙外保温系统连接。采用隔热垫块（片）将埋入保温层中的金属构件与基层墙体隔离。外遮阳保温做法参见图2-38。

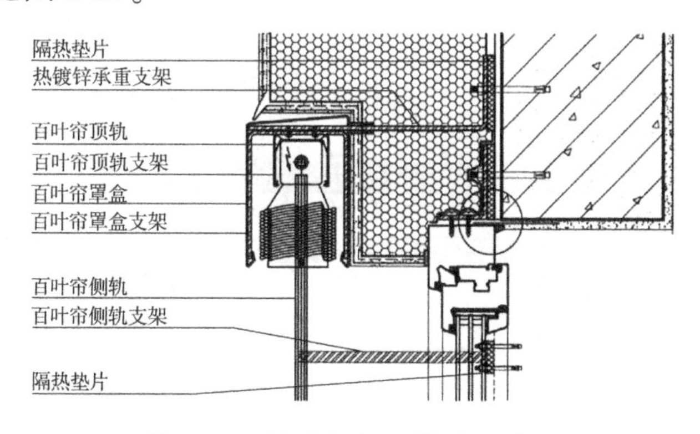

图2-38　外遮阳保温做法示意图

2.7.2.4　阳台、雨篷

非断开式的阳台和雨篷宜将保温材料连续包覆阳台和雨篷的全部结构，并与外墙保温层保持连续不断开，参见图2-39和图2-40。

局部断开式的阳台和雨篷采用保温材料包覆挑梁和阳台板、雨篷板。阳

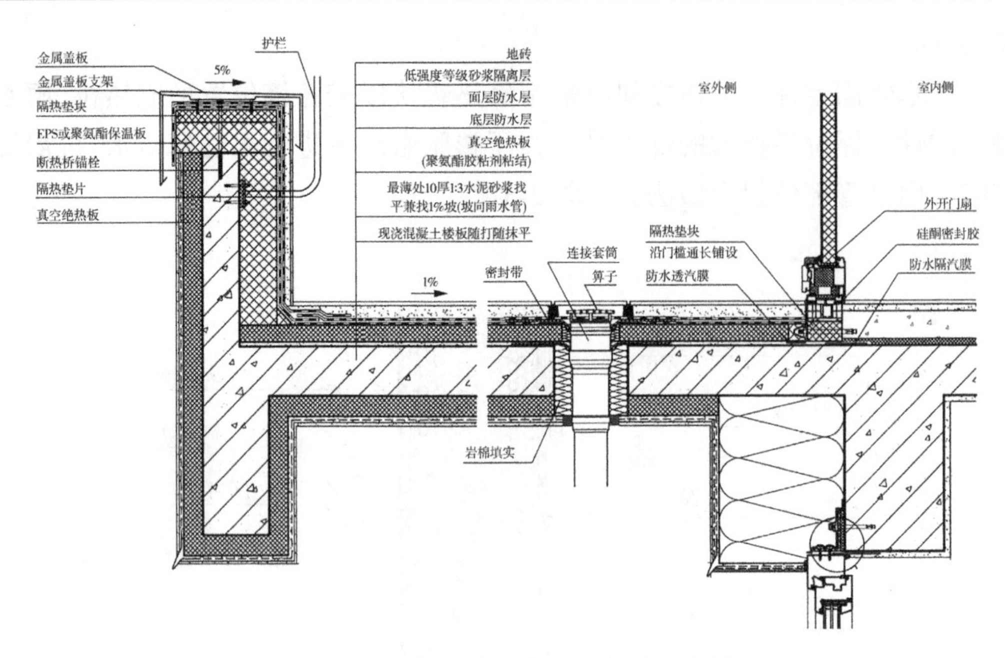

图 2-39　非断开式阳台保温做法示意图

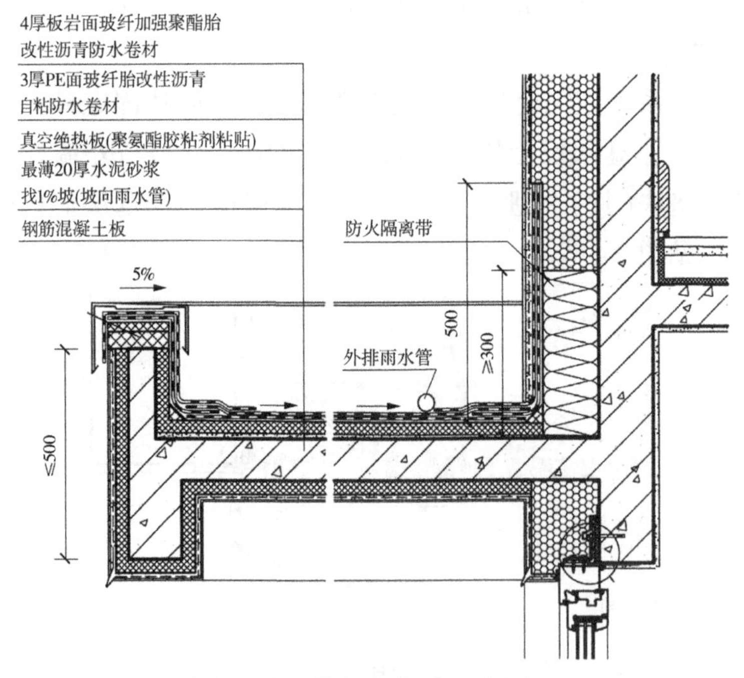

图 2-40　非断开式雨篷保温做法示意图　(单位:mm)

台、雨篷部位保温做法分别参见图 2-41 和图 2-42。

2.7.2.5　穿墙管道

穿墙管道安装前应在墙面或楼面开洞,洞口直径尺寸应大于管道直径尺寸,洞口与管道之间的缝隙应采用岩棉或聚氨酯泡沫填缝剂填实。

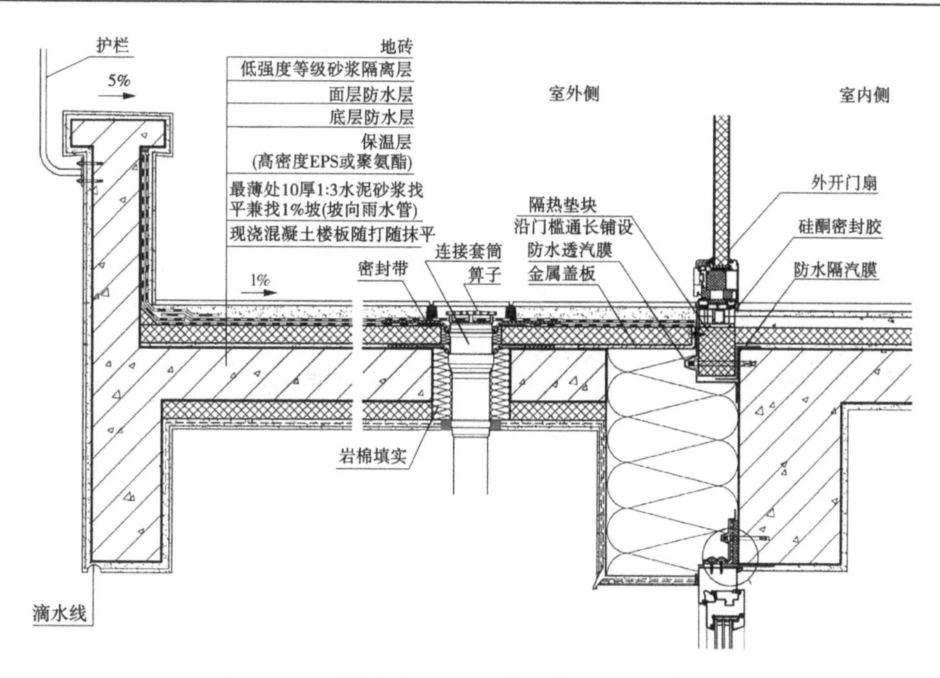

图 2-41　局部断开式阳台保温做法示意图

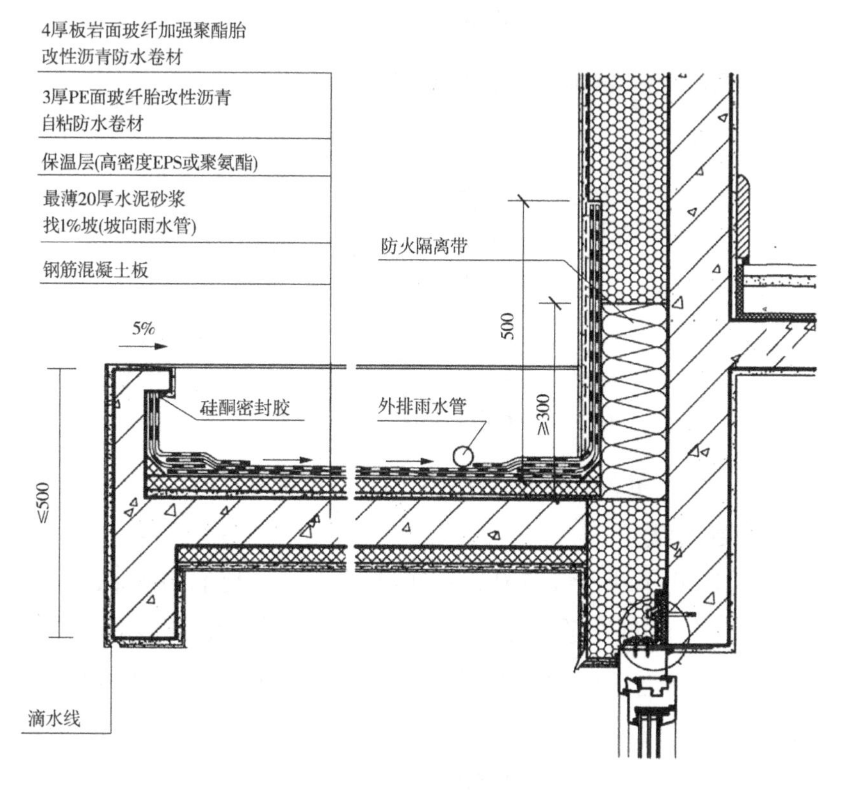

图 2-42　局部断开式雨篷保温做法示意图　（单位:mm）

待穿墙管道内外侧的防水隔汽膜与透汽膜粘贴完毕后进行保温施工，穿墙管道与保温接触的部位同样应使用预压膨胀密封带进行连接。穿室外墙管道保温做法参见图 2-43，电线管穿外墙保温做法参见图 2-44。

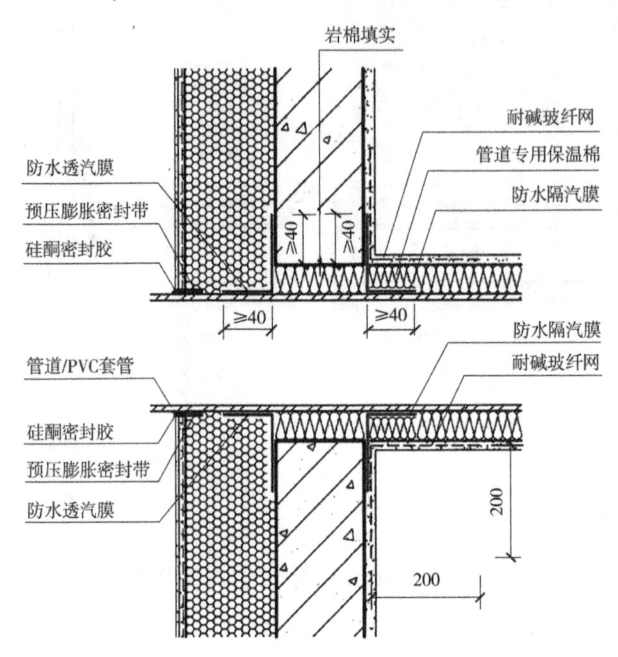

图 2-43　穿室外墙管道保温做法示意图　（单位：mm）

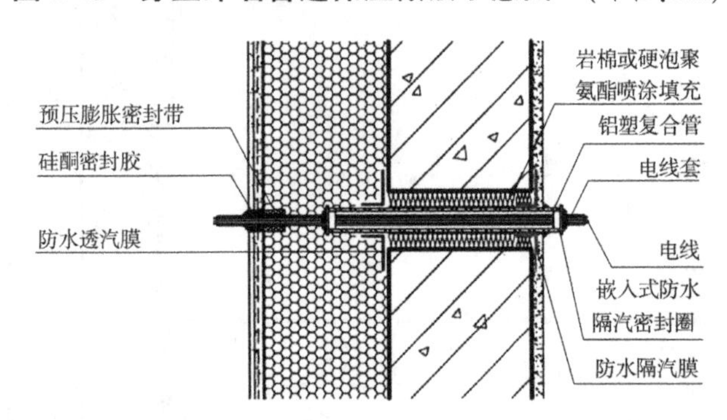

图 2-44　电线管穿外墙保温做法示意图

2.7.2.6　外墙变形缝

外墙变形缝内侧不小于 1 000 mm 处设置挡条，自挡条向外，采用岩棉填充或无机纤维喷涂，一直向外延伸至外墙保温层。当伸缩缝宽度在 30~50 mm 时，出口处可采用聚乙烯泡沫塑料棒封堵，并使用硅酮密封胶密封，如图 2-45 所示。当伸缩缝宽度大于 50 mm 时，应采用 1.2 mm 厚铝合金板或 1.0 mm 厚镀锌钢板进行封闭，固定措施一定要进行断热桥处理，如图 2-46 所示。

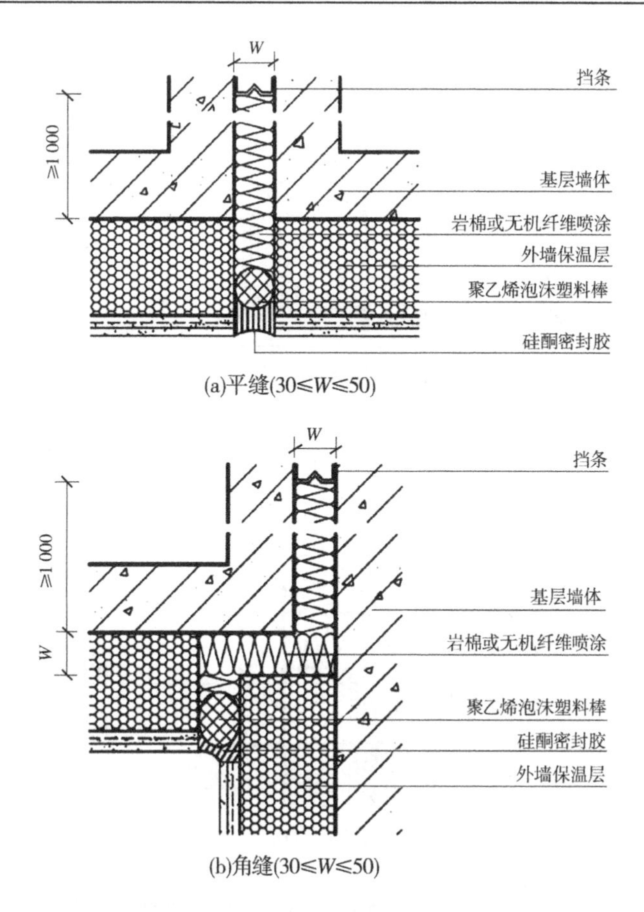

图 2-45 外墙伸缩缝(30≤W≤50)保温做法示意图 (单位:mm)

2.8 质量控制要点

近零能耗建筑施工是由传统的粗放型施工向精细化施工转变的过程,除对工艺工法进行标准化定义外,也需要更高要求的工程项目管理和更严格的质量监督。

(1)基层墙面抹灰前宜做灰饼。抹灰时应分层进行,每层抹灰不宜过厚,控制好间隔时间,以确保完成面平整度,防止空鼓、开裂。

(2)配置胶粘剂和抹面胶浆前,应检查生产日期、产品包装是否完好,若出现砂浆受潮结块的现象,应做报废处理,不可使用。

(3)胶粘剂和抹面胶浆应按照产品说明中的水灰比要求进行配置,宜集中搅拌,专人定岗,超过可操作时间切勿再度加水使用。

(4)胶粘剂和抹面胶浆应在规定的气候环境下施工,尤其是冬季温度较低必须进行施工时,应采取升温措施。

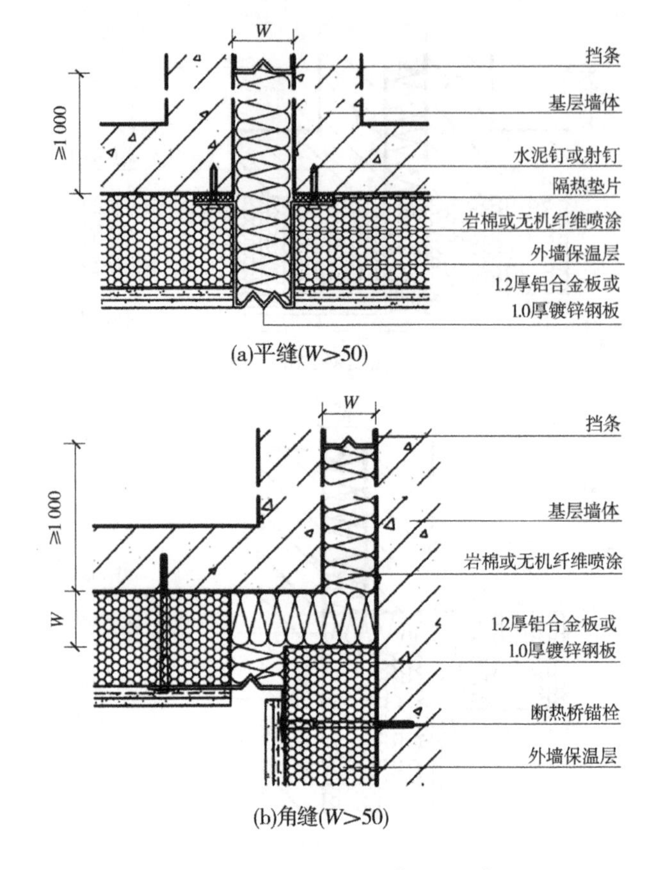

图 2-46　外墙伸缩缝(W>50)保温做法示意图　(单位:mm)

(5)粘贴保温板时,可根据墙面平整度情况选择合适的布胶方法。板材上墙后,在调平时,严禁将较低部位的板材用手拽出,形成该部位的胶粘剂虚贴,增加板材脱落的风险。

(6)安装锚栓时,钻头直径应与锚栓套管直径相匹配,且钻孔深度应略大于设计要求的有效锚固深度。电钻应垂直于墙面钻孔,并将孔内的灰尘及时清理干净。

(7)玻纤网塑料连接线条类产品(如门窗连接线条、滴水线条、护角线条等)安装时、大面挂网时,均须满打底灰,严禁出现空挂网或挂花网的现象。

(8)玻纤网的搭接宽度应不小于 100 mm,且无褶皱,不外漏。

(9)门窗洞口的保温板应使用整板切割 L 形铺贴,并在该部位 45°方向设置附加增强网,采取防开裂措施。

(10)当使用岩棉作为防火隔离带时,粘贴完成后为避免间歇时雨水通过其进入外墙外保温系统,应及时做封闭处理。

2.9 安全措施

(1)认真贯彻国家安全管理规范。外保温施工高处作业遵循建筑施工高处作业安全技术规范、临时用电执行施工现场临时用电安全技术规范中的相关规定。

(2)进场垂直运输设备须提供有效的出厂合格证及检验报告,安装人员必须持证上岗,设备安装完毕须经有关单位验收合格后方能投入使用。

(3)外墙外保温施工现场供用电安全、可靠,应符合《建设工程施工现场供用电安全规范》(GB 50194—2014)的要求。

(4)为确保外墙保温施工人员安全,保温施工过程中严禁垂直交叉作业。

(5)高空作业面三面挂拉安全网,防止高空坠落、高空落物。

(6)施工过程中进行安全技术和防火要求交底工作,特种作业人员必须持证上岗。

(7)交叉作业应搭设防护棚,材料、构件、工具不得抛扔,加强个人安全防护意识。

(8)建立严格的安全管理制度,认真落实安全生产岗位责任制、交底制和奖罚制。每道工序施工前逐级进行安全交底,并落实到书面上。从事施工的各级人员必须持证上岗,各级机械操作人员严格遵守操作规程,无证上岗、酒后上岗者,追究当事人直接责任。

第3章　屋面节能工程施工

屋面节能是建筑物围护结构节能的重要组成部分,同时也是改善顶层建筑室内热环境的需要。过去我国经济水平较低,人们对建筑物室内热环境不够重视,对屋面仅注意其防水性能,而不注重保温隔热,致使顶层建筑室内热舒适度远达不到居住者的需求。近零能耗建筑不但要求建筑屋面要有保温和防水性能,还要有隔绝水汽从屋面进入室内的性能。

3.1　基本构造

近零能耗建筑屋面保温防水系统包含隔汽层、保温层、防水层和保护层,既增加了整个建筑顶层的气密性,又能阻止水汽进入保温层,最大程度地延缓了保温层功能的衰减,避免保温层中的水汽收缩、膨胀引起防水层、面层的起鼓、破坏。常见屋面保温做法如图3-1所示。

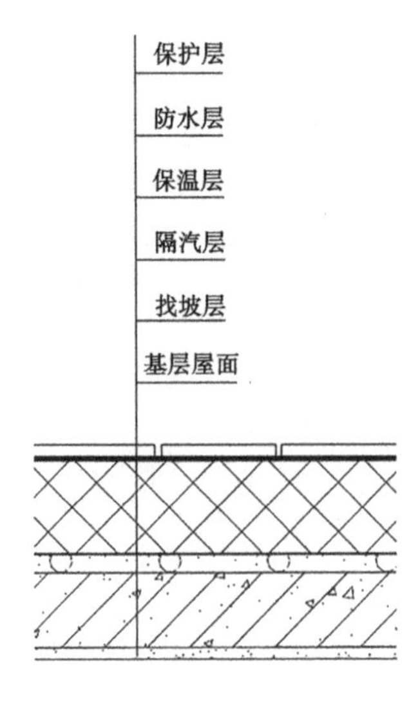

图3-1　屋面保温做法(不上人)

3.2　材料要求

3.2.1　保温材料性能要求

根据《屋面工程技术规范》(GB 50345—2012)的要求,屋面保温材料应根据屋面所需传热系数或热阻选择轻质、高效的保温材料,同时宜选用吸水率低,密度和导热系数小,并有一定强度的保温材料。在近零能耗建筑中,以粘贴保温板辅以隔汽层和防水层的屋面工程施工工艺最为成熟可靠,其中常用保温材料有挤塑聚苯板、模塑聚苯板。模塑聚苯板的材料性能指标可参考表2-2,挤塑聚苯板的材料性能指标可参考表2-3。

3.2.2　其他材料性能要求

近零能耗建筑的屋面基层上方、保温层下方设置隔汽层,防止室内水汽通过屋面进入保温系统,也阻止水汽由屋面进入室内,破坏室内热湿环境。屋面隔汽层材料一般选用耐碱铝箔面层玻纤胎自粘性改性沥青隔汽卷材,这种卷材采用了玻纤胎和SBS改性沥青涂层,沥青涂层具有钉孔自密性,具有很强的抗硌破坏性,同时其下表面为自粘沥青隔离膜,可自粘施工,其性能指标应符合表3-1的要求。

表3-1　隔汽卷材的性能指标

项目		性能指标	
		1.2 mm厚耐碱铝箔面层玻纤胎自粘性改性沥青隔汽卷材	2.5 mm厚耐碱铝箔面层玻纤胎自粘性改性沥青隔汽卷材
水蒸气扩散阻力值 S_d 值(m)		≥1 500	≥1 500
拉伸力(N/50 mm)	纵向	≥400	≥800
	横向	≥400	≥800
断裂伸长率(%)	纵向	≥2	≥35
	横向	≥2	≥35
撕裂强度(钉杆法)(N)	纵向	≥80	≥200
	横向	≥100	≥150

续表 3-1

项目	性能指标	
	1.2 mm 厚耐碱铝箔面层玻纤胎自粘型改性沥青隔汽卷材	2.5 mm 厚耐碱铝箔面层玻纤胎自粘性改性沥青隔汽卷材
接缝剪切强度(N/50 mm)	≥300	≥300
耐热性	90 ℃无流淌滴落	100 ℃无流淌滴落
不透水性	30 min,0.2 MPa,不透水	
低温柔性	-20 ℃无裂缝	

近零能耗建筑的屋面保温层上方设置防水层,防水层应有两层。底层防水卷材一般选用 3 mm 厚的 PE 面玻纤胎改性沥青自粘防水卷材,这种卷材采用玻纤聚酯复合胎浸透 SBS 改性沥青涂层,上表面为 PE 膜,下表面为自粘性沥青隔离膜,抗拉强度高,尺寸稳定性好,同时具有防火功能,可与模塑聚苯板、挤塑聚苯板直接粘贴。而面层防水卷材应采用热熔法施工。防水卷材的性能指标应满足表 3-2 的要求。

表 3-2 防水卷材的性能指标

项目		性能指标	
拉伸力(N/50 mm)	底层	纵向≥1 000	横向≥1 000
	面层	纵向≥700	横向≥500
断裂伸长率(%)	底层	纵向≥2	横向≥2
	面层	纵向≥35	横向≥35
耐热性		100 ℃,≤2 mm,无流淌滴落	
不透水性		30 min,0.3 MPa,不透水	
低温柔性		-20 ℃无裂缝	

近零能耗建筑隔汽层与防水层之间应保证干作业施工,因此屋面保温板材和铝箔面隔汽卷材的粘结应采用聚氨酯发泡胶,聚氨酯发泡胶的性能指标应满足表 3-3 的要求。

表 3-3　聚氨酯发泡胶的性能指标

项目	性能指标	
密度(kg/m^3)	30±5	
燃烧性能等级	B_2 级	
粘结强度(kPa)	铝板	≥80
	PVC 塑料板	≥80
	水泥砂浆板	≥60
剪切强度(kPa)	≥80	
发泡倍数	≥指标值-10	

3.3　施工准备

3.3.1　技术准备

3.3.1.1　专项方案编制与审核

在近零能耗建筑屋面保温防水系统安装施工前应有专业技术人员根据设计图纸、合同文件、现场施工条件等,编制近零能耗建筑屋面节能工程的专项施工方案,方案中要明确近零能耗建筑屋面保温防水系统安装施工步骤和顺序及具体做法。施工过程中应确保气密层、保温层、防水层连续、完整。

3.3.1.2　施工培训

施工专项方案按照内部审批程序批准后,由项目技术负责人或方案编制人向施工员、质量员、安全员、材料员、工长、班组长及作业人员进行详细的技术交底。

在施工前应对施工相关技术人员、各工种工人以及相关管理人员进行上岗培训,未经培训人员不得单独上岗操作。

3.3.2　机具准备

近零能耗建筑屋面保温防水系统施工所需要的施工机具要根据现场实际情况及工程特点、施工进度计划,实行动态管理,适当考虑各种不可预见的因素,在满足工程需要的同时,略有富余,确保工程工期目标的全面实现。主要施工机具应包括:手持式/便携式电热丝、弹线墨斗、卷尺、水平尺、美工刀、剪刀、角磨机、钢丝刷、刮板、铲刀、卷材弹线器、钢压辊、小压辊等。

3.3.3 作业条件

(1)在屋面保温防水系统施工前,穿屋面管道等预留管道口,金属预埋件安装完毕。

(2)施工期间的环境空气温度不应低于5 ℃,5级以上大风天气和雨天不得施工。

(3)雨季施工应做好防雨措施,下雨天禁止施工。如施工中突遇降雨,应有应急措施,防止雨水冲刷屋面。

3.4 施工工艺

3.4.1 工艺流程

屋面保温防水系统施工工艺流程见图3-2。

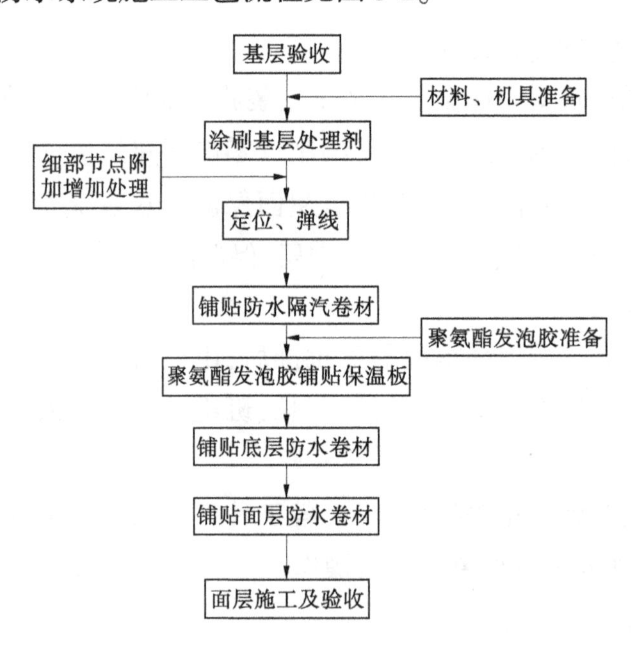

图3-2 屋面保温防水系统施工工艺流程

3.4.2 操作要点

3.4.2.1 基层验收

屋面基层须坚实平整、不起砂、无浮灰,不得出现凹凸和裂缝。防水层施工前基层应保持干净、干燥,含水率应小于9%,基层平整度应满足相关标准规范的要求。

3.4.2.2　涂刷基层处理剂

基层处理干净后，用长把辊刷把基层处理剂（冷底子油）涂刷在干净干燥的基层表面上（见图3-3），复杂部位用油漆刷刷涂，要求不露白，涂刷均匀。干燥至含水率不超过9%时，方可铺贴防水隔汽卷材。

图3-3　屋面涂刷冷底子油

3.4.2.3　铺贴防水隔汽卷材

待基层处理剂干燥后弹基准线，预铺防水隔汽卷材（见图3-4）。

图3-4　铺贴防水隔汽卷材

施工时首先撕去防水隔汽卷材下表面的自粘保护膜，由屋面低位向高位粘贴在基层上，搭接宽度不小于80 mm，接缝和收边部位须压实、密封，形成全封闭构造层。当存在女儿墙时，应沿周边女儿墙上翻至女儿墙顶部，或沿立墙面上翻至与屋面防水层相连接。

3.4.2.4　铺贴保温板

屋面保温板宜采用双层错缝铺贴，两层保温板都宜采用点框法布胶。胶粘剂宜采用聚氨酯发泡胶，不宜采用含有水分的胶粘剂。

采用聚氨酯发泡胶在保温板背面布胶，布胶后立即将保温板铺压在屋面（见图3-5），保温板与保温板之间应靠紧靠实，缝隙较大时应采用保温条填塞，粘贴完成后表面应平整。

图 3-5　铺贴保温板

3.4.2.5　铺贴底层防水卷材

保温层铺设完成后,应及时铺贴底层防水卷材。采用与防水隔汽卷材相同的方式在保温层面上铺贴底层防水卷材。为避免保温层与防水层工序间歇期间下雨,可在保温层施工完成后采用塑料膜对其进行覆盖保护。

3.4.2.6　铺贴面层防水卷材

面层防水卷材应采用热熔法施工。将起始端卷材粘牢后,持加热器对待铺卷材进行烘烤,喷嘴在距卷材及基层加热处 0.3~0.5 m 处往复移动烘烤,不得将火焰停留在一处烘烤时间过长,否则易产生胎基外露或烧穿胎体。烘烤后的卷材应及时推滚进行粘铺,并排气、压实。铺贴后卷材应平整、顺直,搭接尺寸正确,不得扭曲(见图 3-6)。

当有女儿墙时,防水层应连续铺设至女儿墙顶部,并采用金属盖板加以保护。

图 3-6　铺贴面层防水卷材

3.4.2.7　面层施工

当屋面类型为上人屋面时,应在面层防水卷材之上设置粗砂垫层。垫层之上再铺块材,干水泥擦缝,完成上人屋面的面层施工,如图 3-7(a)所示。

当屋面类型为不上人坡屋面时,可不铺贴面层防水卷材,直接在底层防水卷材上铺细石混凝土,并依次挂顺水条和挂瓦条进行挂瓦即可,如图 3-7(b)

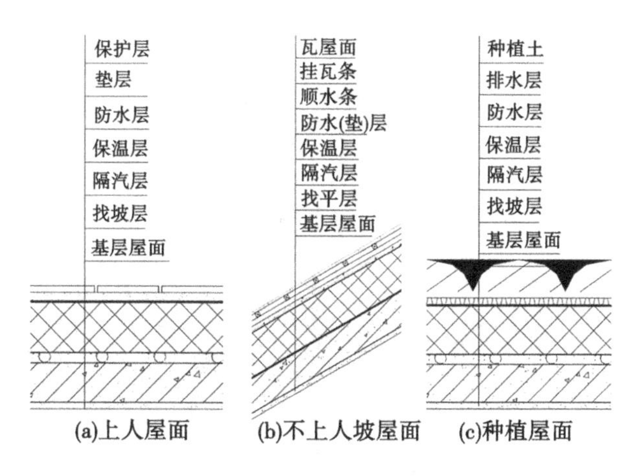

(a)上人屋面 (b)不上人坡屋面 (c)种植屋面

图 3-7 不同面层构造做法

所示。

当屋面类型为种植屋面时,面层防水卷材应具有耐根穿刺功能。整个屋面做塑料膜浮铺后,铺排水过滤组合板,之后在屋面上填种植土即可,如图3-7(c)所示。

3.5 特殊部位做法

3.5.1 女儿墙

女儿墙内、外侧及压顶均采用保温材料进行全包裹,并采用隔汽、防水卷材对顶面和侧面进行处理,隔汽层与防水层之间的保温材料应使用聚氨酯发泡胶进行粘贴。

女儿墙压顶设置金属盖板,利用支架向内做出坡度以利于散水,支架与保温材料之间还应设置隔热垫块。女儿墙部位保温做法参见图3-8。

利用膨胀螺栓将隔热垫块垂直固定于女儿墙上部,自带坡度的支架通过自攻螺丝固定于隔热垫块上,再将金属盖板安装于支架上。盖板宽度应大于墙体(含保温层)的厚度,且盖板两侧向下延伸不少于150 mm,并带有滴水处理。

金属盖板兼作避雷针接闪带时,应与兼作避雷引下线的主筋可靠连接。

3.5.2 女儿墙雨水口

雨水口管道的安装几乎与女儿墙内侧墙面保温施工同时进行,采用预压

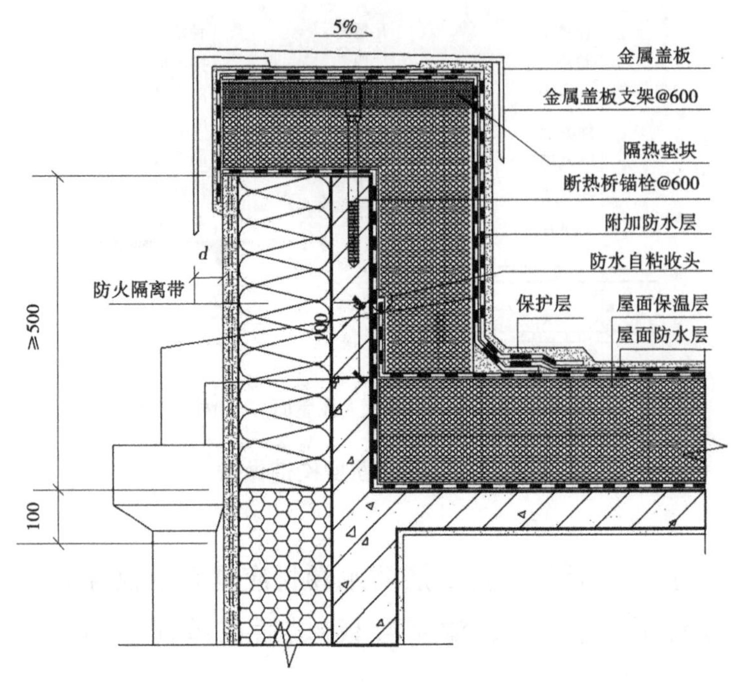

图 3-8　女儿墙部位保温做法示意图　（单位：mm）

膨胀密封带在女儿墙内、外侧保温板与管道之间做柔性的防水、抗渗漏连接。女儿墙雨水口保温做法参见图 3-9。

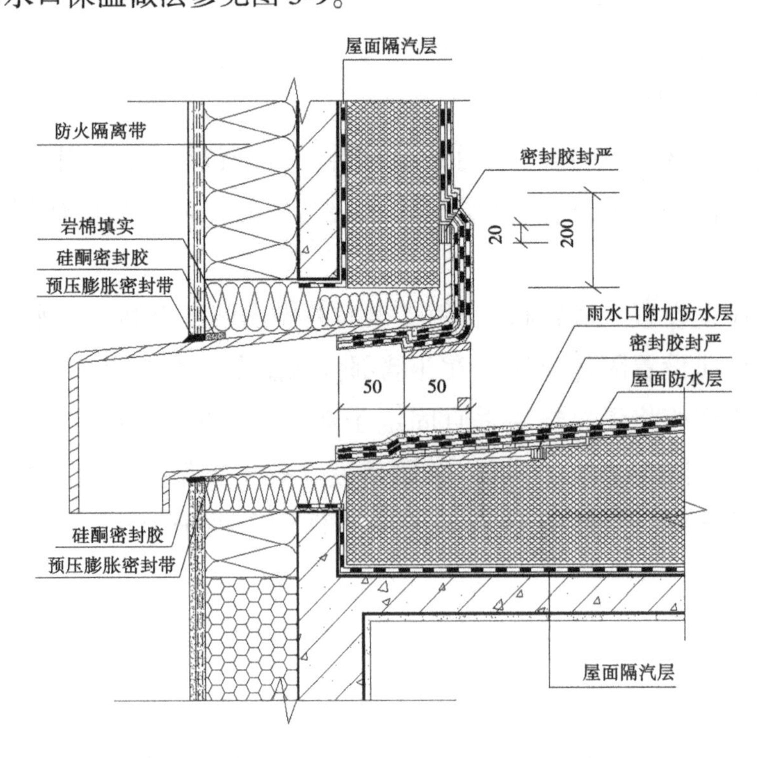

图 3-9　女儿墙雨水口保温做法示意图　（单位：mm）

3.5.3 排气管出屋面

出屋面管道的内、外侧及压顶均采用保温材料进行全包裹,并采用隔汽、防水卷材对顶面和侧面进行处理,隔汽层与防水层之间的保温材料应使用聚氨酯发泡胶进行粘贴,如图 3-10 所示。

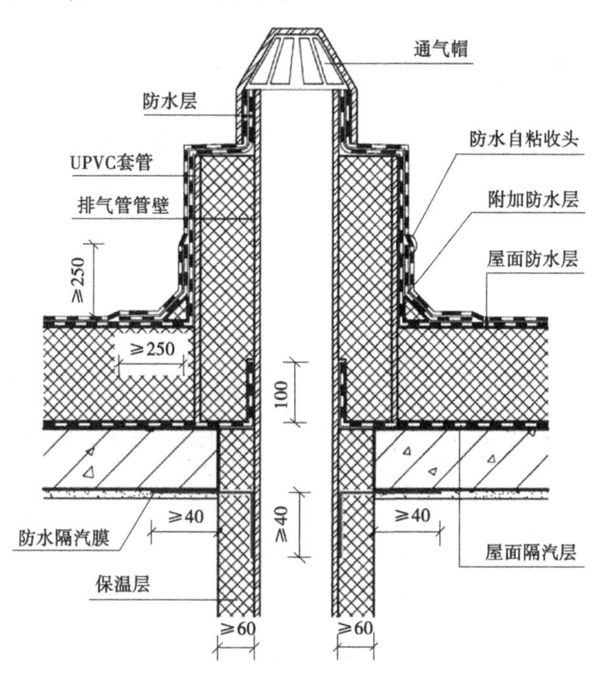

图 3-10　排气管出屋面保温做法示意图　(单位:mm)

3.5.4 排气道出屋面

风帽设置金属盖板,利用支架向内做出坡度以利于散水,支架与保温材料之间应设置防潮隔热垫块。利用膨胀螺栓将防潮隔热垫块垂直固定于上部,自带坡度的支架通过自攻螺丝固定于防潮隔热垫块上,再将金属盖板安装于支架上,如图 3-11 所示。

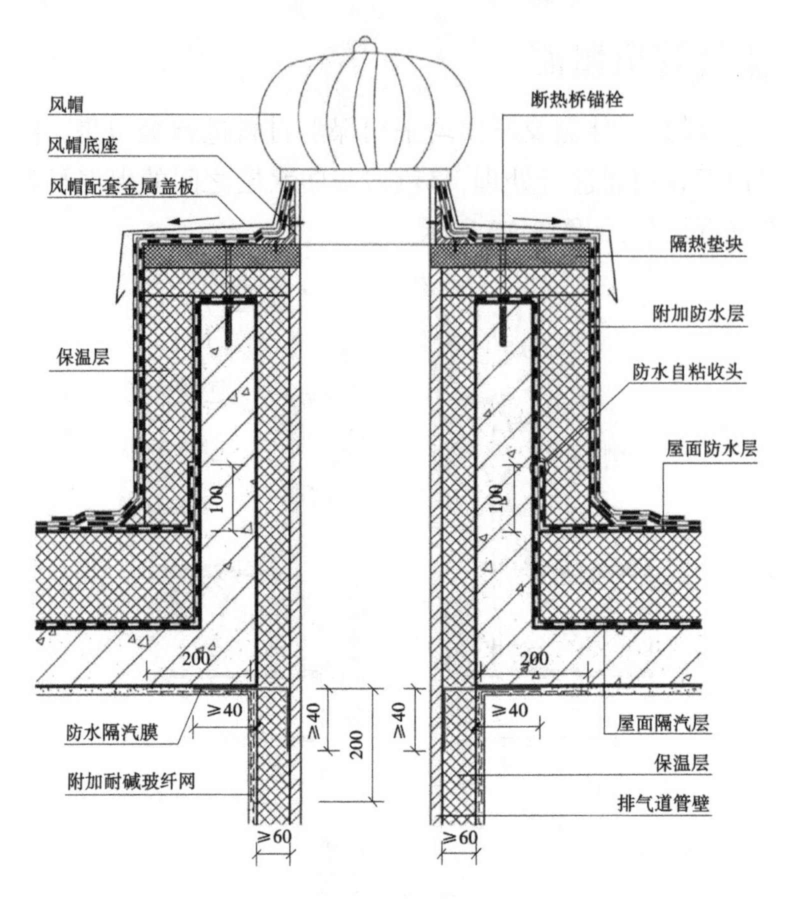

图 3-11　排气道出屋面保温做法示意图　(单位:mm)

3.6　质量控制要点

(1)保温材料的质量和厚度必须符合设计要求,保温材料铺设应紧贴基层,并铺平垫稳,拼缝应严密,粘贴牢固,热桥部位处理必须符合设计要求。

(2)卷材防水层在天沟、檐沟、檐口、水落口、泛水、变形缝和伸出屋面管道的防水构造,应符合设计要求。卷材防水层的搭接缝应粘结牢固,密封严密,不得有扭曲、皱折和翘边等缺陷,收头应与基层粘结,钉压应牢固,密封应严密。

(3)改性沥青卷材及配套材料必须符合设计要求。

(4)在整个施工过程中,要保证屋面排水通畅。卷材防水层不得有渗漏或积水现象。

3.7 安全措施

(1)保温施工时,施工作业区应配备消防灭火器材,严禁烟火。

(2)可燃类保温材料进场后,应远离火源;露天堆放时,应采用不燃材料完全覆盖。

(3)在保温层上不得直接进行防水材料的热熔或热粘法施工。

(4)屋面四周、洞口、脚手架边均应设有防护栏杆和支设安全网,高空作业应防止坠物伤人和人员坠落事故。

(5)施工人员应戴安全帽,穿防滑鞋,工作中不得打闹。

(6)防水施工作业现场应健全防火制度,完善消防设施,消除火灾隐患,杜绝火灾发生,易燃材料应有专人保存管理。

(7)操作人员应穿工作服、防滑鞋,戴安全帽、手套等劳保用品。当配制和使用有毒材料时,还必须戴口罩和防护眼镜,严禁毒性材料与皮肤接触及入口。

(8)热熔法施工时,持枪人应注意观察周边人员位置,避免火焰喷嘴直接对人。

(9)热熔法施工时,现场应准备粉末灭火器材或砂袋等。防水材料应储存在阴凉通风的室内,避免雨淋、日晒和受潮变质,并远离火源。

第 4 章　地面节能工程施工

在建筑围护结构中,通过建筑地面向外传导的热量占围护结构传热量的 3%~5%。在以往的建筑设计和施工过程中,对地面的保温问题一直没有得到重视,特别是严寒和寒冷地区根本不重视地面节能。近零能耗建筑要求严寒和寒冷地区建筑物外围护结构都具有保温隔热效果,因此其地面部位也需要进行节能工程施工。地面节能工程主要包括两部分:一是建筑没有地下室时,直接接触土壤的地面节能工程施工;二是建筑存在不采暖地下室时,地下室顶板部位的节能工程施工。

4.1　材料要求

4.1.1　保温材料性能要求

近零能耗建筑中用于直接接触土壤的地面节能工程施工中常采用的保温材料为挤塑聚苯板,其材料性能指标要求可参考表 2-3 所示的要求。

近零能耗建筑中用于不采暖地下室顶板部位的保温层应采用燃烧性能等级为 A 级的保温材料,一般选用岩棉,其材料性能指标要求可参考表 2-13 所示的要求。

4.1.2　其他材料性能要求

近零能耗建筑地面节能施工中,粘贴挤塑聚苯板及岩棉时所用胶粘剂的性能指标可参考表 2-7 所示的要求。不采暖地下室顶板部位保温施工时,还需用到抹面胶浆、玻纤网及断热桥锚栓等材料,其性能指标可分别参考表 2-8~表 2-10 的要求。此外,地面保温工程中的防水层材料一般为聚乙烯土工膜,简称 PE 膜,其材料性能指标应满足表 4-1 的要求。

表4-1 PE膜的材料性能指标

项目	性能指标
密度(g/cm^3)	≥0.940
拉伸屈服强度(N/mm)	0.5 mm厚,≥7
拉伸撕裂强度(N/mm)	0.5 mm厚,≥10
屈服伸长率(%)	≥11
撕裂伸长率(%)	≥600
直角撕裂负荷(N)	≥55
抗穿刺强度(N)	≥120
碳黑含量(%)	2.0~3.0
碳黑分散性	10个数据中3级不多于1个,4级、5级不允许
常压氧化诱导时间(min)	≥60
低温冲击脆化性能	通过
水蒸气渗透系数[$g \cdot cm/(cm^2 \cdot s \cdot Pa)$]	$\leqslant 1.0 \times 10^{-11}$
尺寸稳定性	±2.0

材料进场后组织有关人员按照本书规定的技术要求进行验收。对材料生产厂家、产品合格证、检验报告、使用说明等进行验收,并按有关规定对材料进行抽样复试,合格后方可进场,并填写材料进场验收记录。

进场后材料应分类挂牌存放。保温板应成捆立放,防火防雨防潮;玻纤网防雨存放,其余材料也应按相关规定存放。

4.2 施工准备

4.2.1 技术准备

4.2.1.1 方案编制审核

在近零能耗建筑地面保温系统施工前应有专业技术人员根据设计图纸、合同文件、现场施工条件等,编制施工方案等,方案中要明确近零能耗建筑地面保温系统施工步骤和顺序,以及具体做法。施工过程中应确保保温层连续、完整。

4.2.1.2 施工培训

施工专项方案按照审批程序批准后,由项目技术负责人或方案编制人向施工员、质量员、安全员、材料员、工长、班组长及作业人员进行详细的技术交底,并在施工前对施工相关技术人员、各工种工人及相关管理人员进行上岗培训,未经培训人员不得单独上岗操作。

4.2.2 机具准备

近零能耗建筑地面保温系统施工所需要的施工机具要根据现场实际情况及工程特点、施工进度计划,实行动态管理,适当考虑各种不可预见的因素,在满足工程需要的同时,略有富余,确保工程工期目标的全面实现。

主要施工机具应包括:砂浆搅拌机、垂直运输机械、空压机、水平运输车、经纬仪、手持式/便携式电热丝、美工刀、水平尺、弹线墨斗、角磨机、冲击钻、密尺手锯、剪刀、钢丝刷、腻子刀、抹子、阴阳角刮刀、锯齿抹刀、脚手架、橡皮锤。

4.2.3 作业条件

(1)地面保温施工应尽量在主体结构施工前完工,否则地面要预留出构造层厚度。

(2)混凝土垫层施工完之后,开始地面保温施工。

(4)操作地点环境温度不低于 5 ℃,不得高于 35 ℃。

(5)做地面保温时,下雨天严禁施工。

4.3 施工工艺

4.3.1 地面保温施工工艺

4.3.1.1 构造节点

地面保温系统构造节点如图 4-1 所示。

4.3.1.2 工艺流程

地面保温系统施工工艺流程如图 4-2 所示。

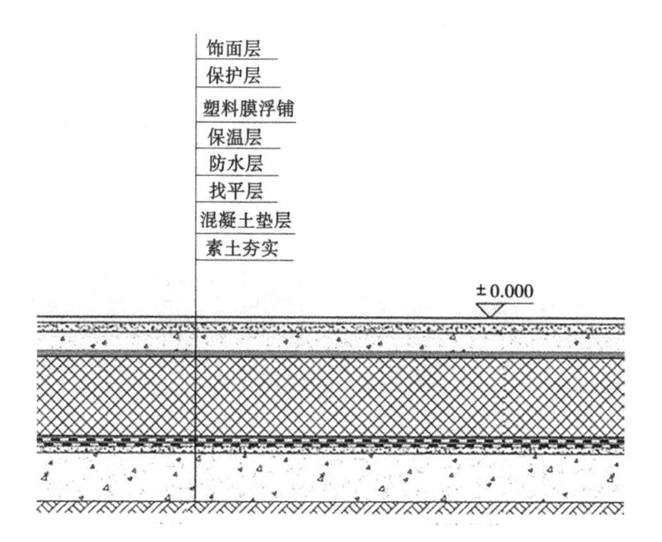

图4-1　地面保温系统构造节点

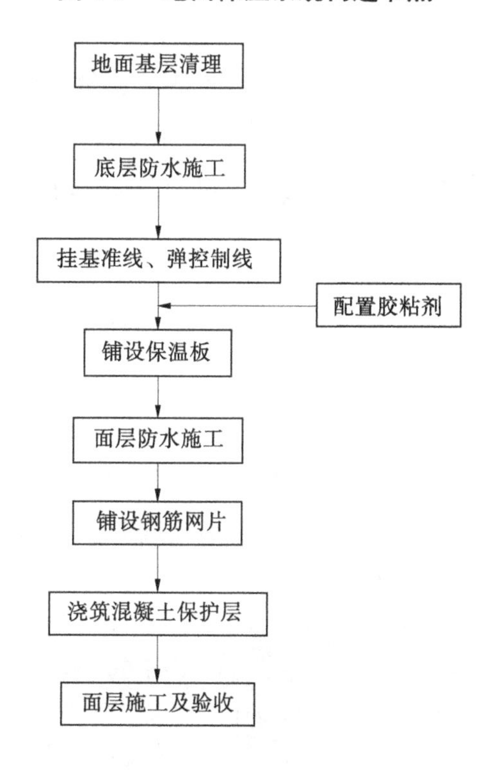

图4-2　地面保温系统施工工艺流程

4.3.1.3　操作要点

1. 地面基层清理

地面基层应清理干净，无油渍、浮尘、污垢、脱模剂、风化物、泥土等影响粘结性能的材料,并剔除表面突出物使基层平整,基层应干燥(见图 4-3)。

图 4-3 地面清理

2. 底层防水施工

为了防止保温材料因受土壤潮气影响而受潮,应在垫层与保温层之间设置防水层。防水层使用材料为 PE 膜,PE 膜需铺设严密,搭接宽度不小于 250 mm。接缝处用胶带粘结,在立面外上翻。

3. 挂基准线、弹控制线

(1)挂基准线。在地面必要处挂水平基准钢线,水平线与地面的间距为所贴保温板的厚度。

(2)弹控制线。根据地面保温设计,进行保温板排板并弹出控制线,做相应标记。

4. 配置胶粘剂

地面铺设保温板所用胶粘剂的配置方法与之前所述一致,可参见 2.3.3 节配置胶粘剂。

5. 铺设保温板

铺设保温板时应紧靠地面并铺平垫稳,板与板之间互相紧靠(见图 4-4)。分层铺设时上下相邻的保温板也应注意相互错开。铺设完成后若存在较大板缝,应采用聚氨酯泡沫填缝剂嵌填密实。

图 4-4 地面铺设保温板

为了避免保温板在后续保护层施工过程中发生偏移,可使用胶粘剂将其与基层做点框性贴合,并注意在胶粘剂固化前严禁上人踩踏。

6. 面层防水施工

待保温板铺设完成后应在保温板上方再铺设一层 PE 膜进行防水防潮,面层防水 PE 膜铺设方式与底层 PE 膜一致,同样须铺设严密,搭接宽度不小于 250 mm(见图 4-5)。接缝处用胶带粘结,在立面外上翻。

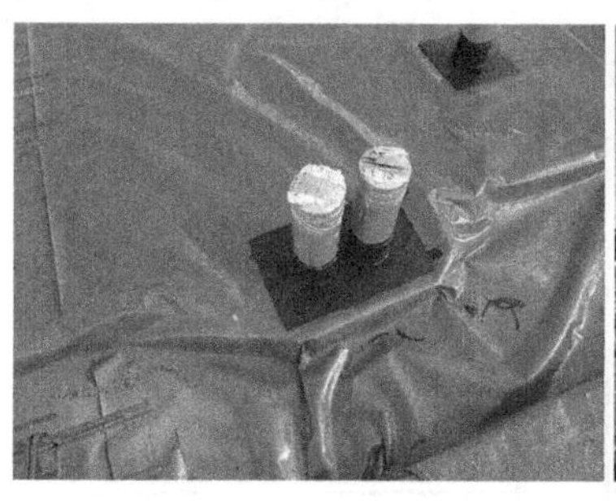

图 4-5　铺设面层 PE 膜

7. 铺设钢筋网片

铺设时,钢丝网片间距为 200 mm 时采用绑扎搭接,搭接宽度不小于 100 mm,绑扎时应刺破 PE 膜(见图 4-6)。

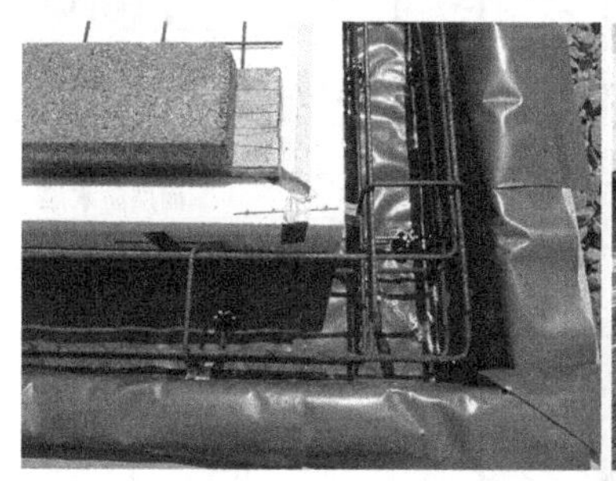

图 4-6　钢筋网片铺设在保温防水层上方

8. 浇筑混凝土保护层

采用 C20 细石混凝土进行保护层浇筑,浇筑厚度应符合设计要求。浇筑时,混凝土振捣必须密实。保证混凝土找平层表面抹压收光不少于 3 次,并进行养护(见图 4-7)。

4.3.2　地下室顶板保温施工工艺

4.3.2.1　构造节点

地下室顶板保温构造示意图如图 4-8 所示。

图 4-7　浇筑混凝土保护层

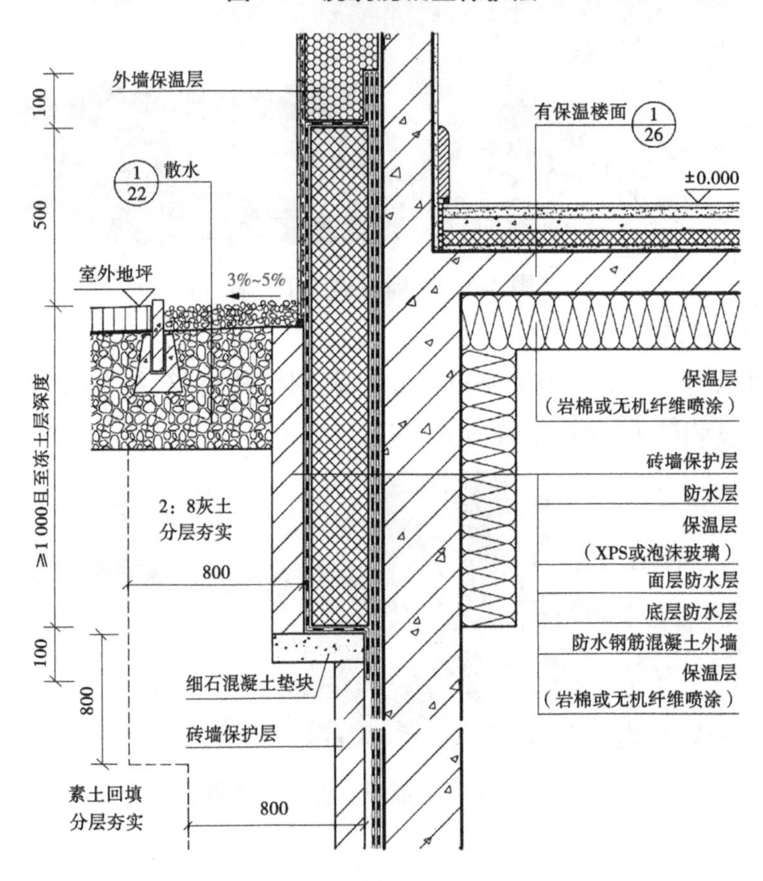

图 4-8　地下室顶板保温构造示意图　（单位:mm）

4.3.2.2　**工艺流程**

地下室顶板保温系统施工工艺流程如图 4-9 所示。

4.3.2.3　**操作要点**

1. 顶板基层验收

对工程的结构顶板基面必须清理干净,并检验顶板平整度和垂直度。用 2 m 靠尺检查,最大偏差不大于 5 mm。清扫顶板浮灰,清洗油污,特别是模板

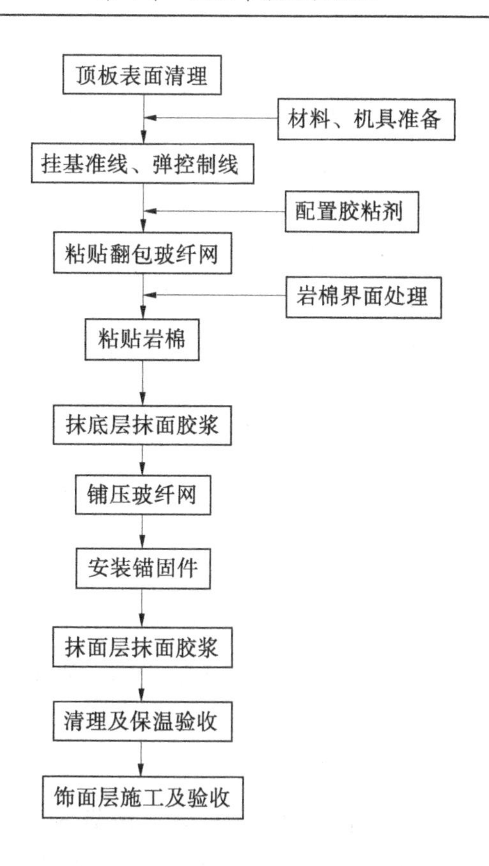

图 4-9　地下室顶板保温系统施工工艺流程

拼缝处的灰浆,凹陷部位用抗裂砂浆进行修平处理。

2. 挂基准线、弹控制线

(1)挂基准线。在必要处挂水平基准钢线,水平线与顶板的间距为所贴保温板的厚度。

(2)弹控制线。根据顶板保温设计,进行保温板排板并弹出控制线,做相应标记。排板原则:从地下室顶板的阴角部位开始向中间排;保温板按长向铺贴,相邻两排需错缝 1/2 板长,局部最小错缝不小于 200 mm;在阴角的墙面上弹出平直控制线,保证四周阴角通顺平直,水平铺贴。

3. 粘贴翻包网格布

在遇梁、阴角等部位的顶板基层布置胶粘剂,将玻纤网一端压入胶粘剂内,边缘多余胶粘剂清理干净,余下的网格布甩出备用,甩出部分长度包裹岩棉的板端露于板面部分不小于 100 mm。

4. 配置胶粘剂

地下室顶板粘贴岩棉所用胶粘剂的配置方法与之前所述一致,可参见 2. 3. 3 节配置胶粘剂。

5. 粘贴岩棉

岩棉粘贴前应先进行界面处理。岩棉粘贴方式有点框法和条粘法两种，应根据地下室顶板平整度进行选择。将布好胶的岩棉双手托起并揉动粘贴于顶板基层上，板与板间注意挤紧。粘贴过程中，使用 2 m 靠尺随时检查平整度，粘贴完成后的岩棉应无松动、无空鼓。

施工时，板间高差不大于 1.5 mm。当板缝大于 2 mm 时，须用聚氨酯泡沫填缝剂将缝隙塞满，板间平整度高差大于 1.5 mm 的部位应在下一工序施工前打磨平整。

6. 抹底层抹面胶浆

岩棉表面用专用抹刀满批一道抹面胶浆，将板面充分覆盖。抹面胶浆的面积应略大于玻纤网的面积。

7. 铺设玻纤网

第一道抹面胶浆尚未干透时，压入玻纤网。压埋时注意玻纤网的弯曲面应朝向顶板，由中间开始水平抹出一段距离，然后向四周将其抹平，玻纤网搭接长度不应小于 100 mm。

8. 安装锚栓

岩棉粘贴完成 24 h 后安装锚栓。在安装位置钻孔，放入套管，将其拍至保温板的板面。再将钉芯敲击进顶板结构层，有效锚固深度不应小于 25 mm。锚固件数量应满足相关标准规范要求。

9. 抹面层抹面胶浆

底层抹面胶浆表面基本干燥，碰触不粘手时，开始抹面层抹面胶浆，厚度以完全覆盖玻纤网、微见玻纤网轮廓为宜。表面平整度应满足饰面层施工的相关要求。

10. 面层耐水腻子施工

选用柔性耐水腻子，按生产厂家提供的使用比例配制。腻子随调随用，宜在 2 h 内使用完毕。腻子采用两遍成活，头遍腻子厚度为 0.8~1.2 m，要均匀平整；第二遍腻子厚度为 0.5~0.8 mm，刮实压光。第二遍腻子在接槎处不留痕迹，表面收光平整。对于结痕和不平处，用 40~60 目砂子打磨。

11. 饰面层施工

腻子凝固干燥后，用水砂纸打成压光面后进行涂料饰面施工。

4.4　特殊部位做法

地下室外墙外侧保温层与地上部分保温层连续，当地下部分为非被动区时延伸到地下冻土层以下,当地下部分为被动区时应完全包裹住地下结构,并采用高强、防水性能好的保温材料。

地下室外墙外侧保温层内部和外部分别设置一道防水层,防水层延伸至室外地面以上勒脚部位。

当地下室为非采暖地下室时,地下室外墙内侧保温从顶板向下设置,长度与地下室外墙外侧保温向下延伸长度一致(或完全覆盖地下室外墙内侧),如图 4-8 所示。

当地下室为采暖地下室时,地下室外墙内侧无须做保温,做法参见图 4-10。

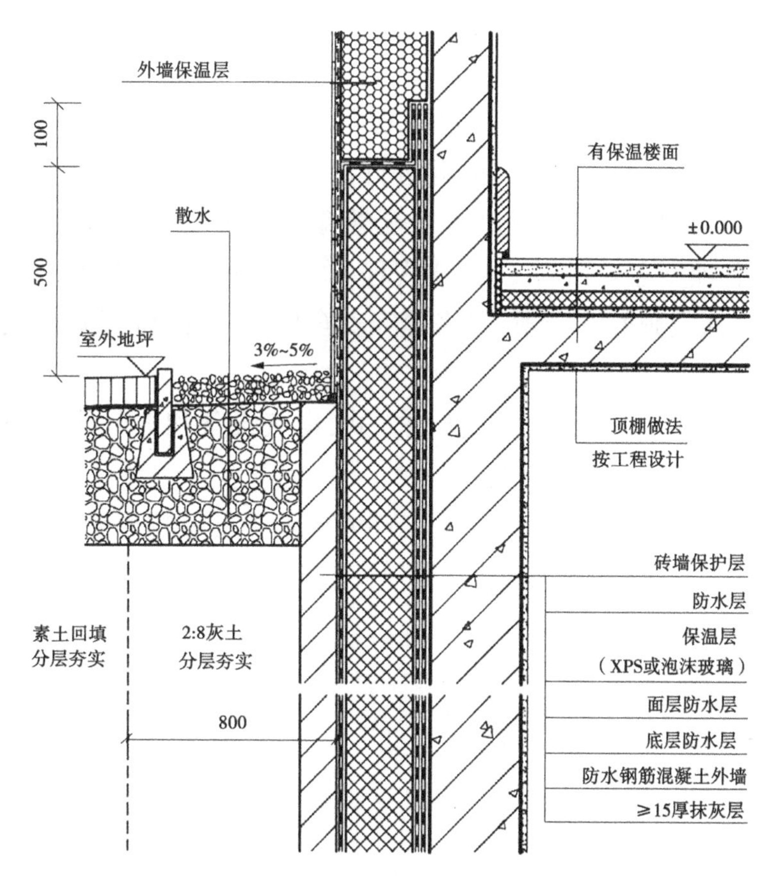

图 4-10　采暖地下室外墙保温做法示意图　(单位:mm)

4.5　质量控制要点

(1)保温材料的强度、密度、导热系数和含水率必须符合设计要求和施工及验收规范的规定。

(2)保温层厚度及构造做法应符合建筑节能设计要求。

(3)地面保温系统的保温材料:应紧贴基层铺设,铺平垫稳,保温材料上下层应错缝并嵌填密实。

(4)表面平整、洁净,接槎平整,无明显抹纹,分格条顺直、清晰。

(5)地面所有孔洞、槽位置和尺寸正确,表面整齐洁净,管道后面抹灰平整。

(6)锚栓数量、位置、锚固深度和锚栓的拉拔力应符合设计和规程要求。

(7)抹面层中的玻纤网的铺设层数及搭接长度应符合设计要求。

4.6 安全措施

(1)施工前所有机械设备要进行检验、调试并验收合格后,方可开始使用。使用过程中实行专人负责制,并进行日常的维修和保养工作。

(2)施工时对施工人员要进行安全教育和讲解安全技术交底,施工中必须严格遵守各项安全规章制度、操作规程,确保安全施工,严禁违章施工。

(3)操作人员戴好安全帽,严格遵守安全操作规程,做到安全生产和文明施工。

(4)线路应采用“三相五线”接线方式,电气设备和电气线路必须绝缘良好,施工现场严禁私拉乱接电线。

(5)地下室顶板保温施工时,施工环境要配备足够的照明设施。同时,现场应设专职消防人员,确保安全。

第5章　外窗节能工程施工

建筑外门窗是建筑外围护结构的重要组成部分，是建筑物热交换、热传导最活跃、最敏感的部位。传统建筑中，通过门窗的传热量占建筑总能耗的20%以上。在近零能耗建筑中，墙体采用保温材料热阻增大以后，外门窗的保温隔热效果也进行了相应增加，除窗框型材的增强、密封胶条的改进及多腔室外，玻璃形式也由单玻变为Low-E中空玻璃或保温性能更好的真空玻璃。

同时，近零能耗建筑的气密性条件为外门窗施工提出了新的要求。普通建筑的门窗施工，一般做法是用聚氨酯泡沫填缝剂封堵洞口与窗框之间缝隙后，用防水耐候胶密封处理。但随着时间的推移，聚氨酯泡沫填缝剂和耐候胶会逐渐老化失效，造成外窗洞口部位渗漏、透寒及周边发霉。而在近零能耗建筑外窗施工过程中，通过粘贴防水隔汽膜及防水透汽膜等特殊的气密和防水处理措施，能有效地隔断室内外空气之间的相互渗透及热交换，从根本上杜绝普通建筑窗洞口周边存在的渗漏、透寒及发霉现象。以下主要为外窗的施工工艺，外门的施工工艺可参考外窗。

5.1　材料要求

近零能耗建筑外窗的热工性能参数应满足表1-1和表1-2的要求。同时，外窗应具有良好的气密性、水密性和抗风压性能，其气密性等级应不低于8级，水密性等级应不低于6级，抗风压性能应不低于9级。

门窗进入施工现场应经验收合格后方可使用；门窗安装前，其型号、尺寸应符合设计要求，不符合时应退场或修理。木门窗宜在室内分别水平码放整齐，底层应搁置在垫木上，在仓库中垫木离地面高度不小于200 mm，临时的敞篷垫木离地面不应小于400 mm。码放时，框与框、扇与扇之间应每层垫木条，使其自然通风，但严禁露天堆放。塑钢窗按照指定地点堆放，且不得超过15樘，并用标识牌标识清规格型号、安装位置及数量。

门窗配套固定件、防水透汽膜、防水隔汽膜、预压膨胀密封带、成品窗台板等要符合设计要求，验收合格后方可进场，进场后注意防水、防潮，按种类码放整齐，并树立标识牌。预压膨胀密封带性能指标可参考表2-27，防水透汽膜、防水隔汽膜、成品窗台板的性能指标如下所述。

5.1.1　防水透汽膜与防水隔汽膜

防水透汽膜是指具有防水、易透汽性能的膜材料，在近零能耗建筑中主要应用于洞口室外一侧的密封连接；防水隔汽膜是指具有防水、难透汽性能的膜材料，在近零能耗建筑中主要应用于洞口室内一侧的密封连接。防水透汽膜与防水隔汽膜的性能指标应符合表 5-1 的要求。

表 5-1　防水透汽膜与防水隔汽膜的性能指标

项目		性能指标	
		室外一侧防水透汽膜	室内一侧防水隔汽膜
厚度		≤0.7	≤0.7
单位面积质量(g/m²)		≤200	≤250
拉伸断裂强度(N/50 mm)	纵向	≥450	≥500
	横向	≥60	≥80
断裂伸长率(%)	纵向	≥10	≥10
	横向	≥60	≥50
透湿率[g/(m²·s·Pa)]		$\geq 4.0\times10^{-7}$	$\leq 9.0\times10^{-9}$
湿阻因子		$\leq 9.0\times10^{2}$	$\geq 5.0\times10^{4}$
水蒸气扩散阻力值 S_d 值(m)		≤0.5	≥30

5.1.2　成品窗台板

室外窗台面常年经受室外的日晒雨雪循环破坏，破坏到一定程度时，窗洞口部位的裂缝成为渗水的渠道。近零能耗建筑为了改变这一现状，一般要求外窗安装成品窗台板，来保护窗台面。金属窗台板的主要性能指标如表 5-2 所示。

表5-2　成品窗台板的主要性能指标

项目	性能指标
厚度(mm)	≥1.0
基板	无锌花热镀锌(S250GD-C1)
锌层质量(双层)(g/m^2)	≥275
屈服强度(MPa)	≥250
抗拉强度(MPa)	≥290
延伸率(%)	≥25
涂层体系	耐腐蚀、抗老化、高性能涂料
涂层颜色	与标准色板色差 ΔE≤1.2
涂层光泽	≤30
涂层膜厚(μm)	正面≥25,背面≥15
冲击强度	≥9
中性盐雾腐蚀	切口 480 h,腐蚀宽度≤2 mm; 划叉 1 000 h;平板 2 000 h
	符合规定10级
抗紫外老化	UVA340,2 000 h,色差 ΔE≤2.0,保光率>80%

5.2　施工准备

5.2.1　技术准备

5.2.1.1　方案编制审核

在外窗安装施工前应有技术人员根据设计图纸、合同文件、现场施工条件等编制施工专项方案,方案中要明确安装外窗的施工步骤和顺序及每个步骤的具体做法,尤其是涉及安全、防水、密封、防裂和保温等环节的部分应重点编写,使施工现场操作符合设计要求。

5.2.1.2　施工培训

施工专项方案按照审批程序批准后,由技术负责人或方案编制人向施工员、质量员、安全员、材料员、工长、班组长及作业人员进行详细的技术交底或者现场安装实训指导，使相关人员在安装前熟知安装外窗的施工要领，并在施工前对施工相关技术人员、各工种工人及相关管理人员进行上岗培训，同时制订监督施工巡视检查方案，确保施工安装质量保证和安装进度监督，施工过程中必须严格按照技术交底规定、节点做法大样图作业，未经培训人员不得单独上岗操作。

5.2.2　机具准备

门窗施工所需要的施工机具要根据现场实际情况及工程特点、施工进度计划，实行动态管理，适当考虑各种不可预见的因素，在满足工程需要的同时，略有富余，确保工程工期目标的全面实现。主要施工机具应包括：电锤、手电钻、锤子、角磨机、斧子、套筒扳手、胶枪、发泡胶枪、红外线测平仪、皮锤、弹线墨斗、靠尺、卷尺、剪刀、刮板、鼓风机、毛刷、十字批头、专用批头、各种型号钻头、刀片、垃圾袋。

5.2.3　作业条件

(1)窗户施工前，应按照图纸对窗户洞口进行复核，对洞口尺寸与图纸不相符的提早进行修补。外门窗外挂式安装时，必须对门窗洞口实施增强处理。

(2)窗户按照净口安装，窗洞口抹灰必须施工完成，且平整度满足要求。

(3)洞口抹灰进行压光处理，保证防水隔汽膜、防水透汽膜的粘贴。

(4)施工时的环境温度不应低于 5 ℃，风力不应大于 5 级。

(5)雨季施工应做好防雨措施，下雨天禁止施工。

5.3　施工工艺

5.3.1　外挂式安装施工工艺

5.3.1.1　构造节点

外窗安装构造如图 5-1 所示。窗上口及窗下口构造如图 5-2、图 5-3 所示。

外窗外挂式安装时，在窗洞四周指定位置安装固定窗的固定件，固定件与外墙用拉伸不锈钢膨胀螺丝固定，与外窗用不锈钢自攻螺丝连接，窗框内侧边缘贴上膨胀密封条。同时，室内侧粘贴防水隔汽膜，室外侧粘贴防水透汽膜，保证外窗的气密性。

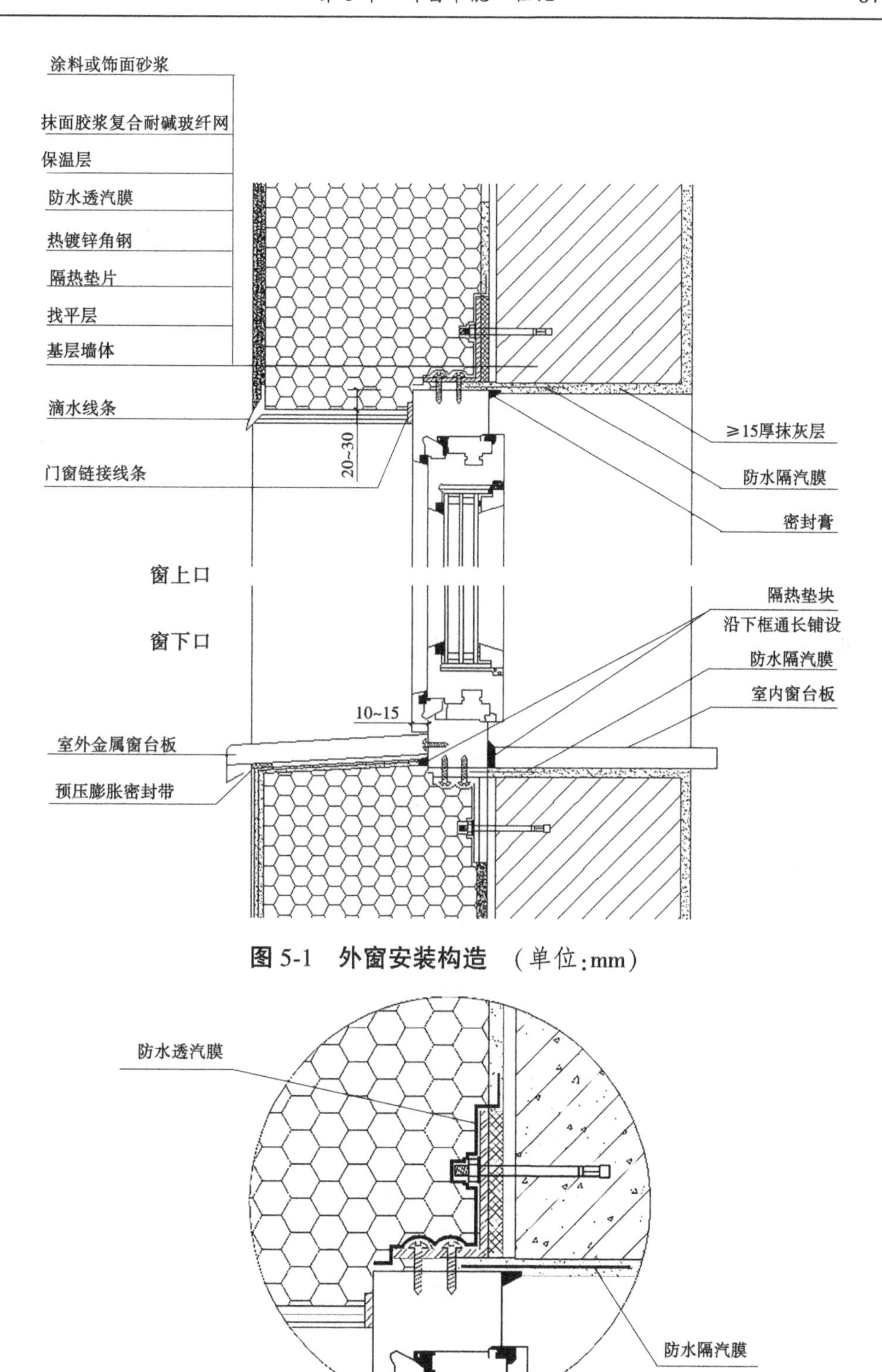

图 5-1　外窗安装构造　（单位:mm）

图 5-2　窗上口构造

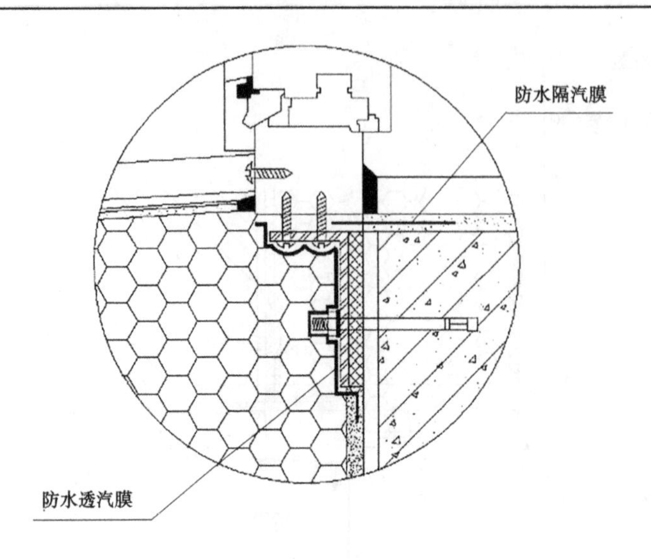

图 5-3　窗下口构造

5.3.1.2　工艺流程

外窗外挂式安装施工工艺流程如图 5-4 所示。

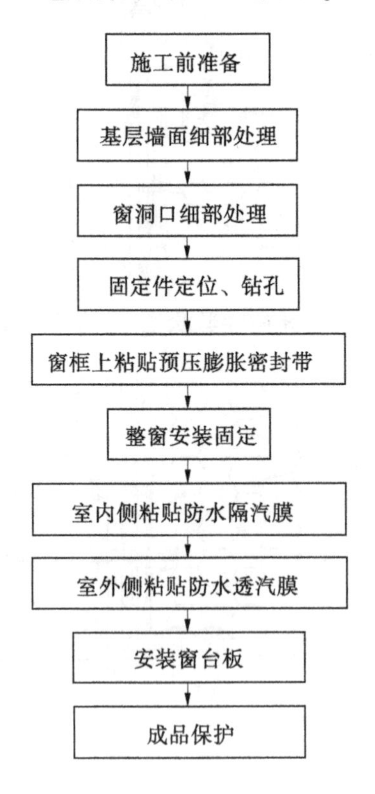

图 5-4　外窗外挂式安装施工工艺流程

5.3.1.3　操作要点

1. 基层洞口验收

近零能耗绿色建筑的外窗在安装前必须精修洞口，确保洞口的平整度、垂直度以及阴阳角尺寸符合规范要求，洞口外表面基层必须平整、光洁，便于窗户外挂时窗框与墙体之间无可见缝隙。窗洞验收清理如图 5-5 所示。

(a)　(b)

图 5-5　窗洞验收清理

2. 外窗固定件安装

外窗固定件安装如图 5-6 所示。

先确定窗框底部两侧固定件位置，放置窗框后利用红外线测平仪、靠尺测试窗框的水平度、垂直度和平整度，之后确定窗框四周固定件的位置，在基层墙体钻孔，利用膨胀螺栓将角钢或小钢板固定件固定于基层墙体上，固定时宜将固定件与墙体之间用厂家配套的隔热垫块或橡胶垫进行隔断（见图 5-6），洞口周围固定件数量根据外窗尺寸而定，一般底部固定件水平距离不大于 0.6 m，顶部固定件水平距离不大于 1 m，左右两侧固定件垂直距离不大于 1 m。

图 5-6　外窗固定件安装

3. 粘贴预压膨胀密封带

在窗框固定于墙体之前,要将自粘性预压膨胀密封带的自粘侧粘贴于窗框四周,密封胶带宽度方向应超出窗框边缘5 mm,粘贴过程中应保证预压膨胀密封条顺直、平整、无褶皱、尽量少搭接,搭接处应采用斜角处理,如图5-7所示。预压膨胀密封带宜在窗框与墙体固定之前半小时内进行粘贴,由于预压膨胀密封带会自膨胀,过早粘贴会失去其自膨胀密封空隙的效果。

图5-7　外窗框粘贴预压膨胀密封带

4. 粘贴防水隔汽膜

预压膨胀密封带粘贴之后,将室内防水隔汽膜自粘侧与窗框粘贴搭接,防水隔汽膜粘贴窗套宽20 mm,连续交圈粘贴。

5. 外窗固定

固定外窗时尽可能保证窗框紧压墙体,利用镀镍自攻钉将外窗固定在角钢或小钢板上,并利用红外线测平仪和靠尺测窗框平面内、平面外平整度。外窗固定如图5-8所示。

外窗安装完毕后,在窗框与墙体交接处室内侧、室外侧分别用密封胶密封,密封胶宽度以能保证将窗框与墙体之间缝隙全部覆盖为宜。密封胶能够很好地将窗框与墙体之间的缝隙封堵严实,阻断室内外雨水、气体连接的通道。

6. 内外侧粘贴防水膜

外窗固定后,室内侧将防水隔汽膜剩余部分采用密封胶粘贴密封至基层

图5-8　窗框固定

墙体上,要求粘贴牢靠、无空鼓(见图5-9)。转角处应用防水隔汽膜曲线密封,室外侧防水透汽膜粘贴与室内侧防水隔汽膜粘贴顺序一致,气密膜应富有余量地(非紧绷状态)覆盖在墙体和窗框上,膜与膜间的搭接宽度应不小于15 mm。密封处与固定外窗的角钢接触处,应避免防水透汽膜被金属构件损坏,出现密封不严问题。

在施工过程中尽量避免在防水透汽膜上穿透和开口,尽量保证防水透汽膜的完整性。防水透汽膜无明显阻燃效果,严禁在防水透汽膜附近进行明火作业(含电线施工)。

(a)　(b)

图5-9　粘贴防水隔汽膜和防水透汽膜

7. 窗台板安装

外窗做好防水、密封,外窗周围做好墙体保温之后,需进行窗台板的安装,材质一般为不锈钢或铝制成品窗台板。安装之前将基层表面清理干净,保持界面平整整洁。窗台板首先要与窗框之间进行结构性连接,并利用结构胶进行窗台板的粘贴固定。为保证窗台板与基层粘结牢固并保证密封性,现场在结构胶周围可注入适量聚氨酯泡沫填缝剂,窗台板两侧与墙体保温衔接处采用预压膨胀密封带进行连接,最后窗台板与窗框之间的缝隙利用结构密封胶进行密封。窗台板安装如图 5-10 所示。

图 5-10 窗台板安装

5.3.2 内嵌式安装施工工艺

为了满足近零能耗建筑无热桥设计的要求、减少能量损失,绝大多数的外窗安装都采用外挂式的安装方式。但是,内嵌式安装安全性及耐久性好,技术成熟,施工工艺简单,当外墙不适宜采用外挂式安装方式时,应采用内嵌式安装方式。

5.3.2.1 构造节点

内嵌式安装上下口安装节点如图 5-11 所示。

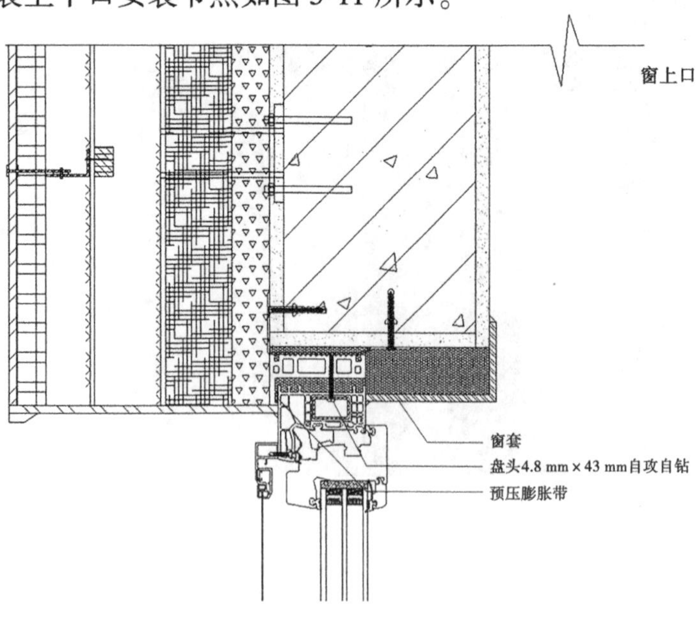

图 5-11 内嵌式安装上下口安装节点

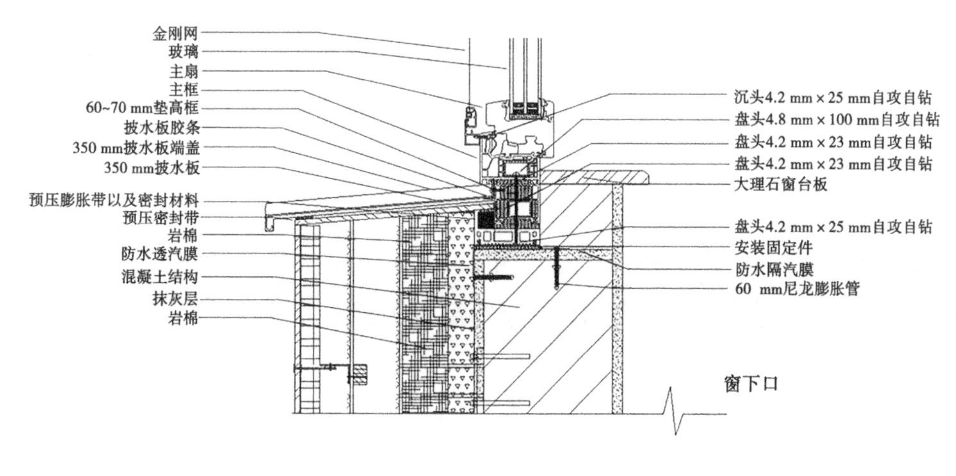

续图 5-11

5.3.2.2 工艺流程

内嵌式安装施工工艺流程如 5-12 所示。

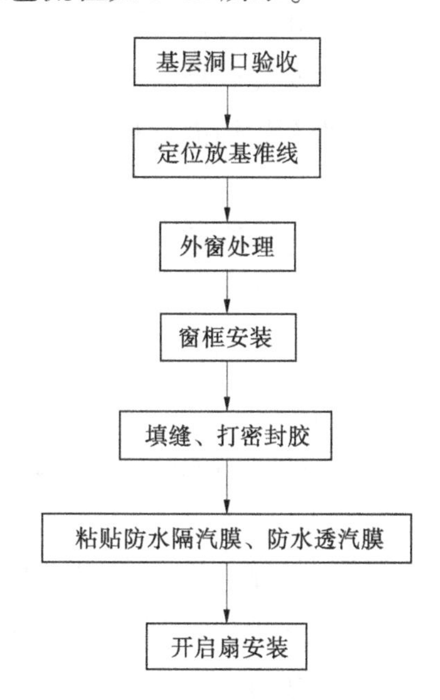

图 5-12 内嵌式安装施工工艺流程

5.3.2.3 操作要点

1. 基层洞口验收

外窗在安装前必须精修洞口，确保洞口的平整度、垂直度及阴阳角尺寸符合规范要求，洞口表面基层必须平整、光洁。

2. 定位放基准线

测量安装窗洞口尺寸，确定外窗安装位置，弹出安装基准线。确定固定件的位置、数量和间距，并做好标记。固定点应距窗角、中横框、中竖框 150~200 mm，固定点间距不大于 500 mm。

3. 外窗处理

外窗安装前，首先应核对外窗尺寸，窗户品种、规格和性能符合设计要求。核对无误后，卸下外窗的开启窗，进行外窗框处理。

4. 窗框安装

在窗下侧放置安装承重辅助配件，并用水平尺进行找平。将窗框置于安装位置，校准上下窗框水平度和边框的垂直度，暂时利用安装承重辅助配件进行固定。安装承重辅助配件可以是木楔、垫块等。

在标记安装固定件的位置通过窗框在墙上打孔，并安装固定件，应先固定上框，然后固定边框及下框。钻孔深度符合螺栓长度要求。拧紧固定件前，再次校准窗框的水平度和垂直度。安装窗框时应保持窗框内部清洁。

窗框安装完毕后去掉无用的安装辅助配件。

5. 填缝、打密封胶

墙体与窗框之间用发泡胶进行发泡填充，如缝隙宽度超过 20 mm，需要在缝隙中提前填塞中密度聚氨酯板再用发泡胶填充。打胶前应对墙面喷水，保证发泡剂接触面的湿润。发泡强度达到要求后，去除多余部分。

6. 粘贴防水隔汽膜、防水透汽膜

在粘贴之前首先将洞口周围清理、清洁，为保证粘贴质量，必要时可喷刷界面剂，以防出现粘贴不牢的情况。

先完成窗外侧防水透汽膜的粘贴。窗框粘贴宽度不小于 15 mm，墙体基层粘贴不小于 40 mm，在阴角部位先粘贴加强层，再粘贴防水透汽膜。贴膜顺序先贴窗下口，再贴窗侧口，最后贴窗上口。

接着完成窗内侧防水隔汽膜的粘贴。粘贴方法与窗外侧防水透汽膜一致，窗框粘贴宽度不小于 15 mm，墙体基层粘贴不小于 40 mm，在阴角部位先粘贴加强层，再粘贴防水隔汽膜。

粘贴防水透汽膜、防水隔汽膜时，应自窗户边缘向外刮粘，避免出现褶皱现象。同时，施工过程中应尽量保证防水透汽膜与防水隔汽膜的完整性，避免被金属构件损坏，出现密封不严问题。

7. 开启扇安装

安装前，再次对窗框内进行清理，同时确保开启扇上的密封胶条完整，无破损、脱落现象。开启扇安装时，确保铰链等安装正确，无偏差。

5.4　质量控制要点

（1）门窗洞口的平整度、垂直度及阴阳角尺寸应符合规范要求，洞口外表面基层必须平整、光洁。

（2）外窗到达施工现场时应进行质量验收，检查其出厂合格证、质量合格证、门窗气密性、水密性、抗风压等窗户性能参数试验单等。

（3）外窗安装前，应对窗洞口尺寸进行复验，对成品窗框、窗扇质量进行复查，对作业人员进行现场业务工作交底，各项准备工作就绪后方可开始外窗安装施工。

（4）预压膨胀密封带的粘贴过程应保证粘贴顺直、平整，无褶皱，尽量少搭接。

（5）防水隔汽膜与防水透汽膜的粘贴应连续，施工过程中严禁损坏。

5.5　安全措施

（1）高空作业人员应戴好安全帽，系好安全带，安全带严禁系挂在窗梃或窗扇上。

（2）外窗安装施工现场供用电安全、可靠，应符合《建设工程施工现场供用电安全规范》（GB 50194—2014）的要求。

（3）安装门窗或擦玻璃时，严禁用手攀窗扇和窗撑；操作时应系好安全带，严禁把安全带挂在窗梃或窗扇上。安装外门窗时，材料及工具应妥善放置，其垂直下方严禁有人。

（4）安装门窗时若使用梯子，梯子必须结实牢固，不应缺档，不应放置过陡，梯子与地面夹角以60°～70°为宜。严禁两人同时站在一个梯子上作业。使用高凳时不能站其端头，防止跌落。

（5）作业场所应配备齐全可靠的消防器材。作业场所不得存放易燃物品，并严禁吸烟或动用明火。

第6章 建筑气密性施工

近零能耗建筑的气密层,是无缝隙的可阻止气体渗漏的围护层,并不是由某种特殊材料层形成的,而是由具有气密性的围护结构自然构成的。通常情况下,以室内外50 Pa的压差下室内每小时换气的次数来衡量建筑气密性的优劣。近零能耗居住建筑的建筑气密性 $N_{50}\leqslant 0.6$,公共建筑的建筑气密性 $N_{50}\leqslant 1$。

近零能耗建筑外墙气密性薄弱的部位主要集中在基层墙体两种不同材料连接部位、门窗与墙体连接处、穿墙管道、接线盒、施工过程中的穿墙孔等。

利用浇筑良好的混凝土、砌体墙体内表面的抹灰层、防水隔汽膜、防水透汽膜等适用于构筑近零能耗建筑气密层的材料,将整个近零能耗建筑或每个单元的采暖体积包绕,形成连续完成的气密层(见图6-1),就能避免能量从“缝隙”部位渗透出去。

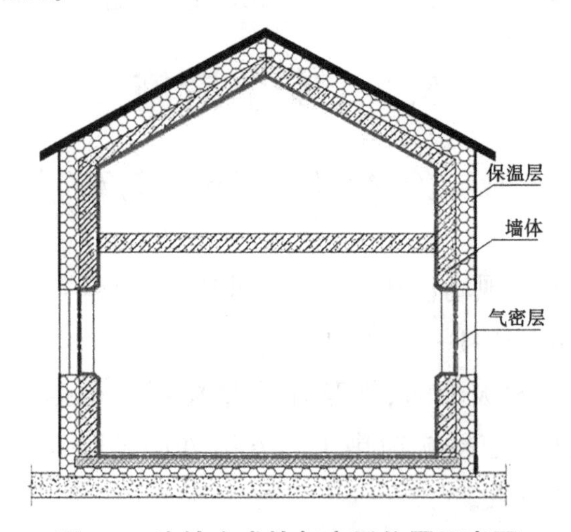

图6-1 连续完成的气密层位置示意图

6.1 材料要求

近零能耗建筑气密层施工一般要使用防水隔汽膜、防水透汽膜、抹面砂浆等材料。防水隔汽膜、防水透汽膜的性能指标可参考表5-1的要求,抹面砂浆是采用1∶3质量比配制的内墙抹面砂浆。

6.2 施工准备

6.2.1 技术准备

6.2.1.1 **方案编制审核**

在建筑气密性施工前应有专业技术人员根据设计图纸、合同文件、现场施工条件等编制施工专项方案,方案中要明确气密性施工的步骤和顺序及每个步骤的具体做法。

6.2.1.2 **施工培训**

施工专项方案按照审批程序批准后,由项目技术负责人或方案编制人向施工员、质量员、安全员、材料员、工长、班组长及作业人员进行详细的技术交底,使相关人员熟知施工要领,并在施工前对施工相关技术人员、各工种工人及相关管理人员进行上岗培训,同时制订监督施工巡视检查方案,确保施工安装质量保证和安装进度监督,施工过程中必须严格按照技术交底规定、节点做法大样图作业,人员未经培训不得单独上岗操作。

6.2.2 机具准备

近零能耗建筑气密性施工所需要的施工机具要根据现场实际情况及工程特点、施工进度计划,实行动态管理,适当考虑各种不可预见的因素,在满足工程需要的同时,略有富余,确保工程工期目标的全面实现。

建筑气密性施工所需工具主要包括:电锤、手电钻、锤子、角磨机、斧子、套筒扳手、胶枪、发泡胶枪、红外线测平仪、批灰刀、皮锤、弹线墨斗、剪刀、靠尺、卷尺、剪刀、刮板、鼓风机、毛刷。

6.2.3 作业条件

(1)屋面防水或上层楼面面层已经完成,不渗水、不漏水。

(2)主体结构已经检查验收并达到相应要求,门窗和楼层预埋件及各种管道已安装完毕(靠墙安装的暖气片及密集管道房间,则应先抹灰、后安装)并检查合格。

(3)高级抹灰环境温度一般不应低于5 ℃,中级和普通抹灰环境温度不应低于0 ℃。

6.3 施工工艺

6.3.1 墙面抹灰施工工艺

6.3.1.1 工艺流程

墙面抹灰施工工艺流程如图6-2所示。

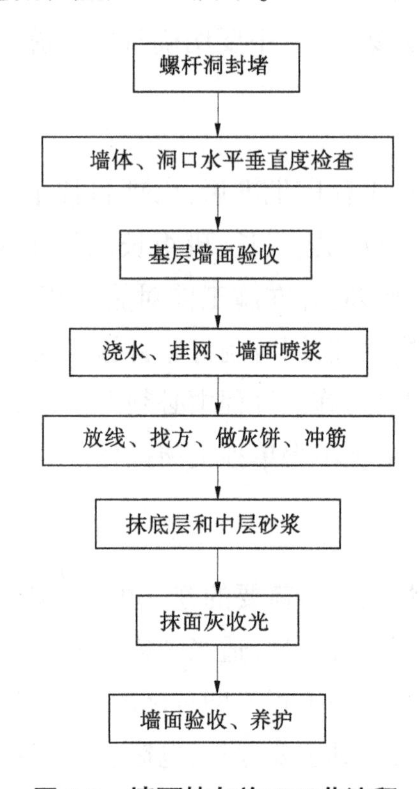

图6-2 墙面抹灰施工工艺流程

6.3.1.2 操作要点

1. 螺杆洞封堵

先采用聚氨酯泡沫填缝剂填堵螺杆洞,洞口四周再抹一层防水砂浆封闭。

2. 墙体水平和门窗洞口垂直度等部位检查

检查墙、柱面的平直度、垂直度、阴阳角偏差等情况,偏差尺寸若大于抹灰层最高限值,则应打磨或凿除偏差较大的墙面部分。

3. 基层墙面验收

将墙表面的灰尘、污垢和油渍等清理干净并洒水湿润。

4. 浇水、挂网、墙面喷浆

不同材料基体交接处表面的抹灰,应采取防开裂的加强措施,即挂网。

一般在墙面抹灰前1天分数遍浇水让墙面湿润,以避免墙面基层过度吸收水泥砂浆的水分,造成抹灰层收缩空鼓。抹灰时若墙面仍干燥不湿,应再喷一遍水。

可将界面处理剂喷洒在已处理好的基层墙面上,做到充分且均匀。

5. 放线、找方、做灰饼、冲筋

放垂直线、挂水平线,根据墙面垂直度和平整度确定抹灰厚度。在墙面上抹灰饼,一般是1.2~1.5 m^2 做一个,先贴上灰饼、再贴下灰饼。抹灰时,应根据抹灰要求,确定灰饼的正确位置,再用靠尺找好垂直与平整,灰饼尺寸宜为50 mm×50 mm。

当灰饼砂浆达到七八成干时,即可用与抹灰层相同的砂浆冲筋。冲筋根数根据抹面高度和宽度确定,一般标筋宽度为50 mm,两筋间距不大于1.5 m。当墙面高度小于3.5 m时宜做立筋,当墙面高度大于3.5 m时宜做横筋,做横向冲筋时做灰饼的间距不宜大于2 m。

6. 抹灰

一般情况下冲筋完成2 h左右可开始抹底灰,抹灰须用力压实使砂浆挤入细小缝隙内,抹灰与所冲的筋抹平。然后用大杠刮平整、找直,用木抹子搓毛。然后全面检查底灰是否平整,阴阳角是否方直、整洁,用托线板检查墙面垂直与平整情况,抹灰面接槎平顺。

待底层砂浆达到七八成干后,再抹面层灰。面层砂浆表面收水后用铁抹子压实赶光。为减少和避免抹灰层砂浆空鼓、收缩裂缝,面层不宜过分压光,以表面不粗糙、无明显小凹坑、砂头不外露为准。

7. 墙面验收、养护

砂浆抹灰面层初凝后应适时喷水养护,养护时间不少于7天。

6.3.2 防水隔汽膜与防水透汽膜施工工艺

6.3.2.1 工艺流程

防水隔汽膜与防水透汽膜施工工艺流程如图6-3所示。

6.3.2.2 操作要点

1. 基层墙面验收、清理

粘贴防水隔汽膜(防水透汽膜)前应对基层墙面进行验收和清理,需清洁,无油污、浮尘等附着物。

2. 布胶及粘贴防水隔汽膜及防水透汽膜

在需要粘贴防水隔汽膜、防水透汽膜的部位布专用密封胶,建议采用S形

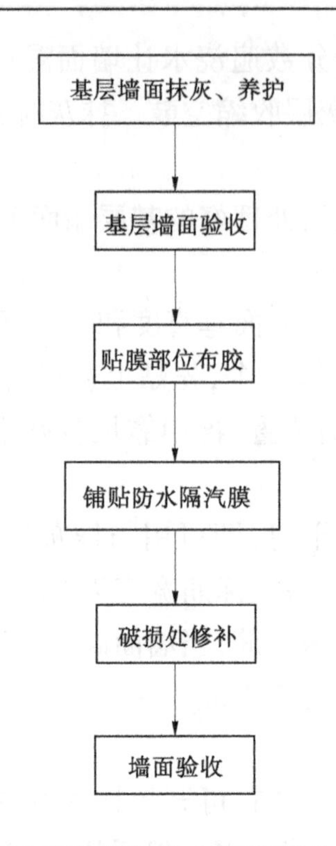

图6-3 防水隔汽膜与防水透汽膜施工工艺流程

布胶法，将防水隔汽膜、防水透汽膜平铺于密封胶上，表面采用刮板进行批刮，以便将密封胶与防水隔汽膜、防水透汽膜之间的空气及时排出，保证墙面的平整，不起鼓。若在施工时不小心将防水隔汽膜、防水透汽膜穿破，应及时在破损处进行局部修补、封闭处理。

防水隔汽膜、防水透汽膜施工完成后，待密封胶表干后即可进行后续的保温层施工。

6.4 特殊部位做法

在近零能耗建筑中，气密性施工的关键节点包括门窗洞口、各种穿墙管道、出屋面管道及电气接线盒等部位，其中外窗施工节点可参考“第5章 外窗节能工程施工”部分，穿墙管道气密性施工可参考“第2章 外墙节能工程施工”中穿墙管道的特殊部位施工做法，出屋面管道可参考“第3章 屋面节能工程施工”中排气管出屋面及排气道出屋面的施工做法。以下为门洞口及接线盒的施工做法。

6.4.1　门洞口

当单元门安装位置位于洞口外侧时，门槛下方通长铺设的隔热垫块的槽口位于洞口外侧，保温材料应根据隔热垫块位置进行裁剪。隔热垫块的槽口应与门槛底部槽口相咬合，形成气密性构造。具体做法见图6-4。

当单元门安装在门洞口内侧时，室内一侧应铺设保温板，以防止室内一侧出现结露。门槛下方通长铺设的隔热垫块的槽口应与门槛底部槽口相咬合，形成气密性构造。门槛内外侧应采用硅酮密封胶进行密封，具体做法见图6-5。

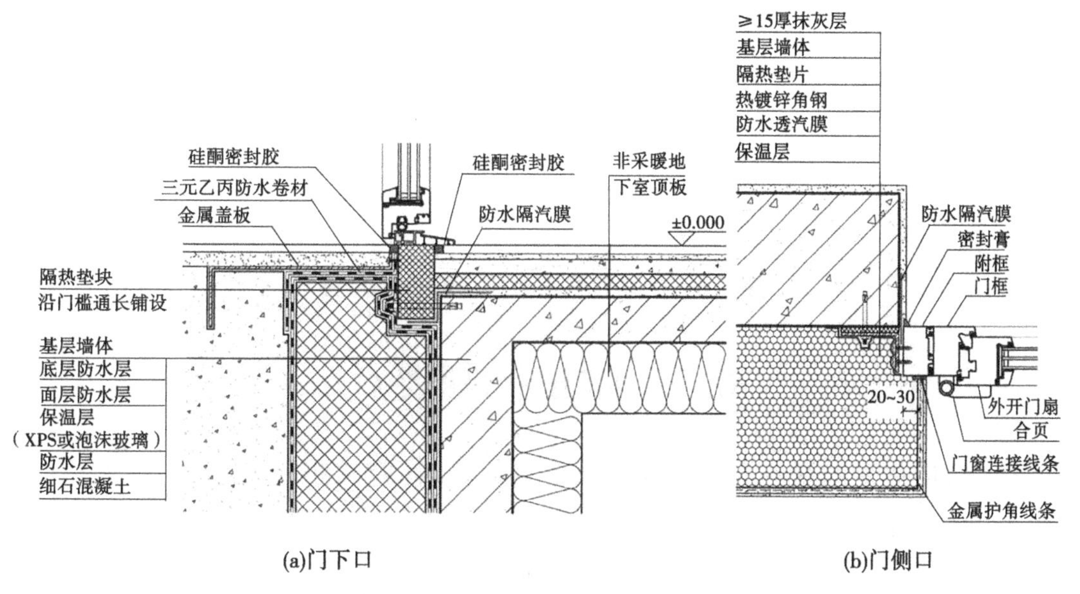

图6-4　单元门外置做法示意图

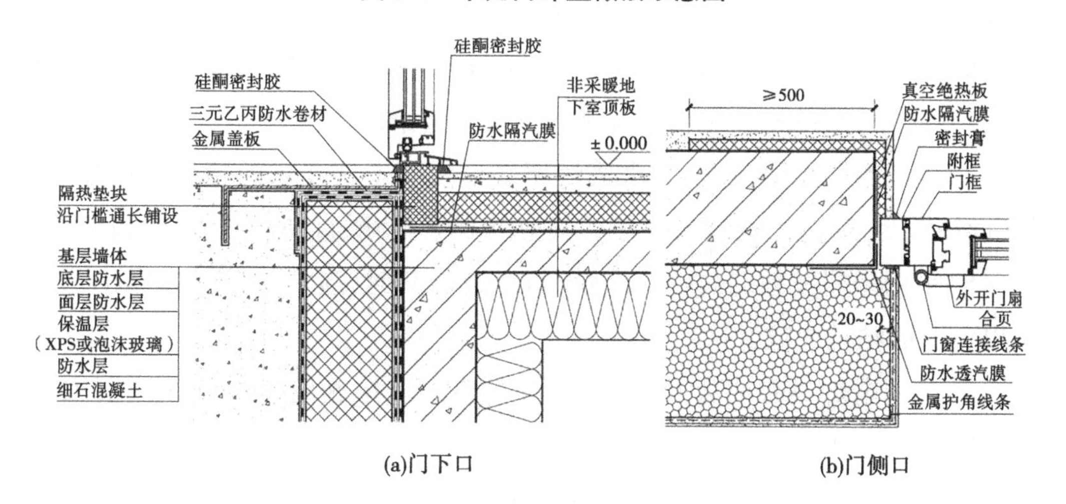

图6-5　单元门内置做法示意图

6.4.2　接线盒

电器接线盒安装在外墙上时，应先在安装孔洞内涂抹石膏或者粘结砂浆。沿接线盒四周粘贴一圈双面丁基胶带，然后趁石膏或砂浆固化前将接线盒推入孔洞内。丁基胶带与石膏或砂浆会将接线盒与外墙孔洞的缝隙密封严密，如图6-6所示。

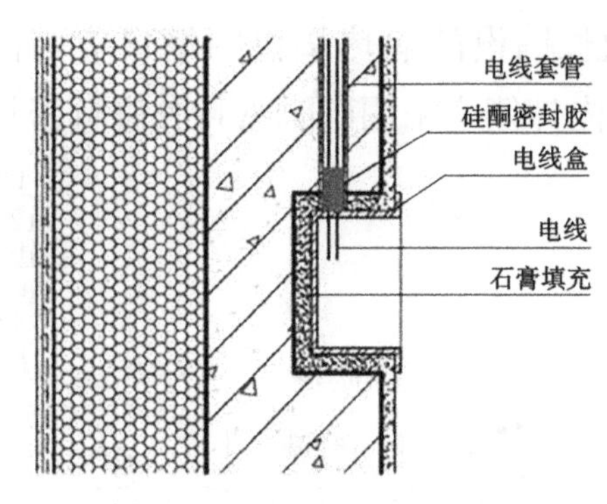

图6-6　接线盒气密层施工构造示意图

6.5　质量控制要点

(1)应尽量避免在外墙上开孔，必须开孔时，应减小开孔面积，并有相应的气密性处理措施。

(2)粘贴防水隔汽膜、防水透汽膜时，基层墙体、管道、门窗框等应清理干净整洁，不得影响粘结。

(3)防水隔汽膜、防水透汽膜应与基层粘贴紧密，密封胶布胶均匀，无漏胶，膜与基层间无裂缝，不应出现虚贴、空鼓等现象。

(4)施工时防水隔汽膜、防水透汽膜必须按照工法要求的铺设方法施工，搭接面积满足工法要求，铺设完毕后膜应外观平整、顺直，应避免扭曲和褶皱。

(5)采用密封胶粘贴防水隔汽膜、防水透汽膜时，应严格按照操作工艺施工，以免造成粘结失败。

(6)使用电焊或有明火及高温作业时，应采取措施防止焊火花或明火直接接触防水隔汽膜、防水透汽膜。

(7)施工完成后的防水隔汽膜、防水透汽膜严禁锐物划伤或重物撞击，如发现有破损，应立即进行修补。

6.6　安全措施

(1)认真贯彻“安全第一,预防为主”的方针,根据国家有关规定、条例,结合工程项目的具体特点,组成专职安全员、班组兼职安全员及工地安全用电负责人参加的安全生产管理网络,执行安全生产责任制,明确各级人员的职责。

(2)认真贯彻国家安全管理规范。高处作业遵循《建筑施工高处作业安全技术规范》(JGJ 80-91),临时用电执行《施工现场临时用电安全技术规范》(JGJ 46-2005)中的相关规定。

(3)加强对临时用电的安全管理,现场除专业电工外任何人不得带电作业,施工现场配电采用三相五线制,使用 TN-S 系统,做到一机一闸一保护。

(4)施工过程中使用的脚手架,搭设、拆除、维修必须由架子工负责,不得非工种操作。平台应稳固,不得摇晃、不得搁置在窗台上,应设防护栏杆和挂设安全网封闭。

(5)临时房屋符合防火要求,附近不得堆放易燃物品,动火时应安排专人负责看管。易燃易爆物品配置专用灭火器,确保安全。

第 7 章　工程案例

7.1　居住建筑典型案例

7.1.1　项目概况

云松 · 金域华府项目位于新乡市原阳县平原示范区，其 4#、5#、6#、7#、9#、10#、12#为超低能耗建筑示范楼栋，是河南省第一个按照超低能耗建筑标准进行设计的居住建筑项目。2019 年 11 月 8 日，该项目被中国建筑节能协会认定为超低能耗建筑，并颁发了标识证书（见图 7-1）。其中，12#楼总建筑面积 2 536.49 m^2，地上建筑面积 1 631.11 m^2，地下建筑面积 905.38 m^2，建筑高度 16.25 m，地上 5 层、地下 2 层，混凝土结构，体形系数 0.44。

图 7-1　云松 · 金域华府 12#楼

7.1.2　围护结构节能施工

外墙主要采用 200 mm 厚的石墨聚苯板外墙外保温系统，分两层错缝安装，外墙保温构造及施工现场如图 7-2 所示。阳台、内天井和楼梯间等少数部位采用 20 mm 厚的真空绝热板（见图 7-3），外墙的平均传热系数设计值为 0.20 W/(m^2 · K)。

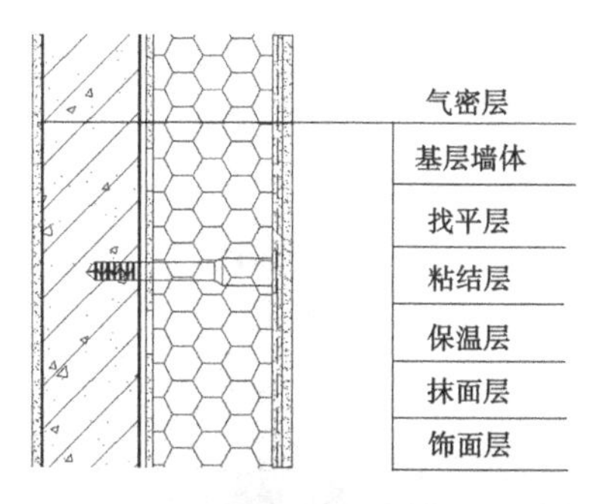

图 7-2　外墙 200 mm 厚石墨聚苯板施工

图 7-3　楼梯间等部位 20 mm 厚真空绝热板施工

屋面保温材料采用 200 mm 厚的挤塑聚苯板，分成两层错缝安装，层与层之间严禁出现通缝，屋面的平均传热系数设计值 K 为 0.25 W/(m^2·K)。

外窗采用 MD70 系列内平开下悬塑料窗，玻璃种类为真空玻璃，玻璃配置为 T6Low-E+0.4 V+T6，开启方式为内开内倒，外窗的传热系数设计值 K 为 0.8 W/(m^2·K)。外窗窗台板采用不锈钢成品窗台板，窗台板与窗框之间有结构性连接，并用密封材料密封；造型有滴水线；保温板与窗台板、窗框之间接缝处用密封带做防水处理。外窗安装施工如图 7-4 所示。

穿墙管道、出屋面管道、女儿墙、阳台、雨蓬、门窗洞口、电气接线盒等部位都相应做了热桥处理或气密性措施，再加上高效新风热回收机组及可再生能源的应用，云松·金域华府达到超低能耗居住建筑的能效水平。

7.1.3　热工及气密性检测

2018 年 8 月 8~13 日，河南省建筑工程质量检验测试中心站有限公司检测人员对该项目的屋面、外墙主体传热系数进行现场测试。测试采用的方法为热工法，测试位置为 G/19-20 轴线 4 层北外墙主体部位、D-G/19-20 轴线屋面部位。项目热工检测现场如图 7-5 所示。

检测结果显示：G/19-20 轴线 4 层北外墙主体部位传热系数为 0.18 W/(m^2·K)；D-G/19-20 轴线屋面部位传热系数为 0.15 W/(m^2·K)，

图 7-4　云松 · 金域华府项目外窗安装施工

均满足《近零能耗建筑技术标准》(GB/T 51350—2019)中规定的围护结构热工性能要求。

2018 年 8 月 10 日,国家建筑节能质量监督检验中心的检测人员采用鼓风门测试法对云松 · 金域华府 12#楼东单元 2 层西户进行了建筑气密性测试,测试位置如图 7-6 所示。

图 7-5　项目热工检测现场

测试结果显示:当室内外压差为 −50 Pa 时,换气次数为 0.42;当室内外压差为 +50 Pa 时,换气次数为 0.37;±50 Pa 下平均换气次数为 0.39,满足《近零能耗建筑技术标准》(GB/T 51350—2019)中规定的超低能耗居住建筑气密性指标要求。

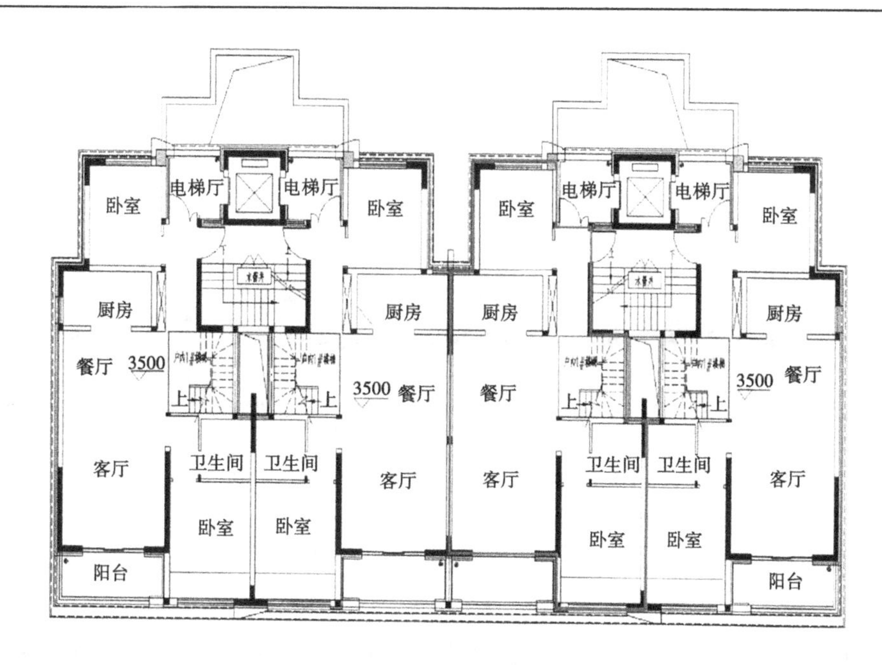

图7-6　建筑气密性测试房间

7.1.4　项目运行效果

2018年8月1日，国家建筑工程室内环境检测中心的检测人员对本项目的运行效果进行了为期一周的检测。

测试期间室内平均温度为24.8~26.7 ℃，最高温度为25.6~27.7 ℃，最低温度为22.5~25.6 ℃；室外平均温度为30.3~32.9 ℃，最高温度为36.7~38.7 ℃，最低温度为26.8~28.5 ℃，变化曲线如图7-7所示。

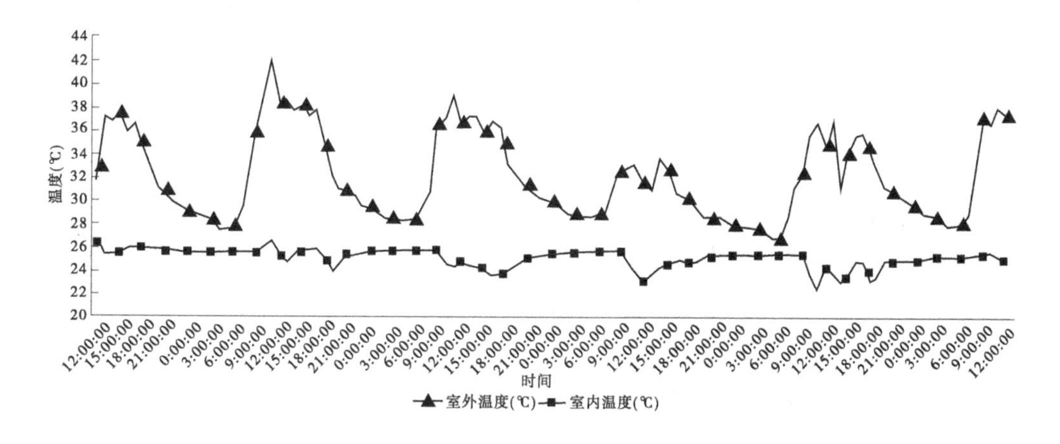

图7-7　检测期间室内外温度变化曲线

测试期间室内PM2.5质量浓度最高为68 μg/m³、最低为29 μg/m³、日平均质量浓度为 41.4 μg/m³,均满足标准要求,具体如图 7-8 所示。

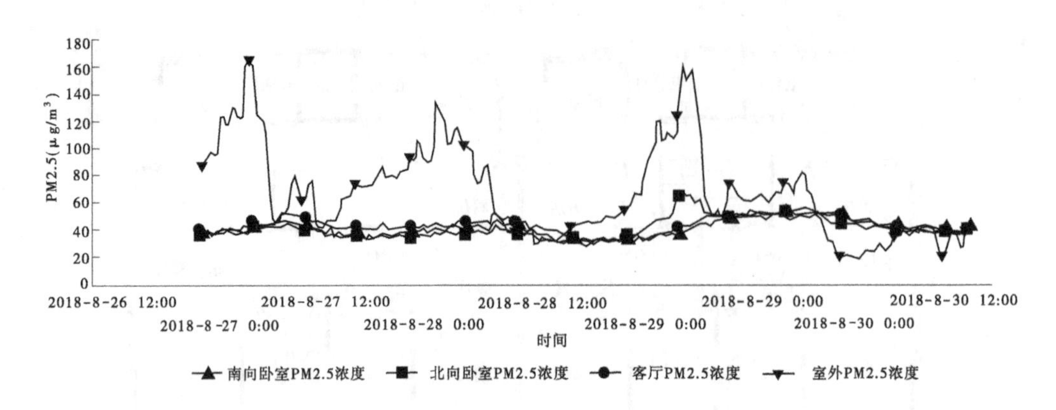

图 7-8　检测期间室内 PM2.5 变化曲线

7.1.5　能耗分析

利用 PKPM-PHE 超低能耗建筑计算软件,计算得到本项目的供冷年耗冷量为 17.75 kWh/ (m² · a),供暖年耗热量为 7.52 kWh/ (m² · a),年一次能源总消耗量为 56.93 kWh/ (m² · a),所有指标均满足《河南省超低能耗居住建筑节能设计标准》(DB J41/T 205—2018)中超低能耗居住建筑的能耗指标要求。云松 · 金域华府项目建筑能耗情况见表 7-1、图 7-9 和表 7-2。

表 7-1　建筑冷热负荷

分类	最大负荷(kW)	设计建筑单位面积负荷(W/m²)
冷负荷	31 171.00	20.74
热负荷	24 987.00	16.63

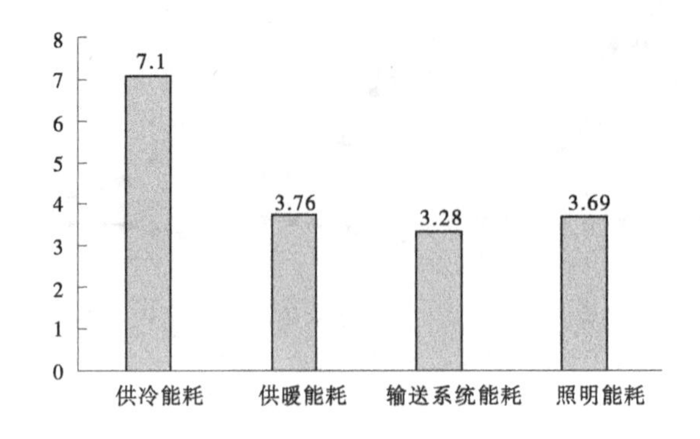

图 7-9　云松 · 金域华府项目建筑能耗分布图[单位:kWh/(m² · a)]

表 7-2　云松 · 金域华府项目建筑能耗指标

指标类型	分类	设计建筑	限值
全年累计负荷 (kWh/m^2)	全年累计冷负荷 Q_c	22.40	—
	全年累计热负荷 Q_h	15.19	—
年供冷和供热需求			
热回收量 [$kWh/(m^2 \cdot a)$]	回收冷量 Q_{EC}	4.65	—
	回收热量 Q_{EH}	7.67	—
年供暖(冷)需求 [$kWh/(m^2 \cdot a)$]	供冷年耗冷量 $=Q_c-Q_{EC}$	17.75	26.00
	供暖年耗热量 $=Q_h-Q_{EH}$	7.52	12.00
一次能源能耗			
能耗 [$kWh/(m^2 \cdot a)$]	供冷能耗 E_C	7.10	—
	供暖能耗 E_H	3.76	—
	输送系统能耗 E_S	3.28	—
	照明能耗 E_L	3.69	—
总能耗 [$kWh/(m^2 \cdot a)$]	$E_C+E_H+E_S+E_L$	19.45	—
一次能源需求(标煤)[$kgce/(m^2 \cdot a)$] = 总能耗 $\times\beta$		7.01	—
一次能源需求 [$kWh/(m^2 \cdot a)$] = 总能耗 $\times\beta/\delta$		56.93	60.00

7.2　公共建筑典型案例

7.2.1　项目概况

郑州五方科技馆 A 馆为公共建筑，主要展示超低能耗公共建筑相关前沿技术的运用、研究、探索和创新，总建筑面积为 1 515 m^2，内部功能主要有会议、办公等。项目采用“全过程咨询+建筑师负责制+EPC 设计采购施工总承包”模式，是国家“十三五”重点研发计划专项科技示范工程和北方清洁取暖示范项目。项目的建设集前沿技术引领、实用技术应用、市场落地、经济性和艺术性为一体，对于超低能耗的建筑设计、施工管理、材料设备选型、部品集成等方面都具有重要的示范意义。五方科技馆 A 馆于 2019 年 11 月 8 日被中国建筑节能协会认定为近零能耗建筑，并颁发了标识证书(见图 7-10)。

7.2.2　围护结构节能施工

外墙主要采用 150 mm 厚的石墨聚苯板外墙外保温系统，分两层错缝安装，采用断热桥锚栓固定、增加隔热间层及使用非金属材料等措施降低了传热

图 7-10　郑州五方科技馆项目

损失，外墙的平均传热系数设计值为 0.198 W/(m² · K)，外墙构造及施工现场如图 7-11 所示。

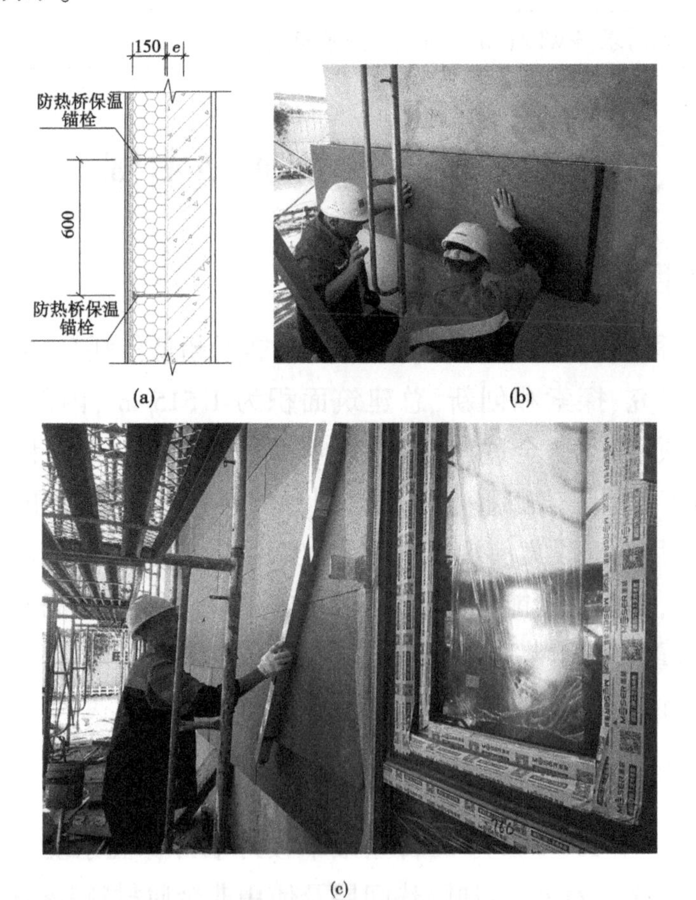

图 7-11　五方科技馆 A 馆外墙保温施工　（单位：mm）

屋面保温材料采用150 mm厚的挤塑聚苯板，屋面的平均传热系数设计值K为0.205 W/(m^2·K)。屋面保温层与外墙的保温层连续。同时，屋面保温层靠近室外一侧设置防水层，并延续至女儿墙顶部压顶下，屋面保温层靠近室内一侧设置隔汽层。屋面保温防水工程施工如图7-12所示。

图7-12　五方科技馆A馆屋面保温防水工程施工

地面保温材料采用50 mm厚的挤塑聚苯板，地面的平均传热系数设计值K为0.538 W/(m^2·K)。地面保温层同样与外墙的保温层连续。

外窗玻璃配置为5TL+16Ar+5T+16Ar+5TL，整窗传热系数$K \leqslant 0.91$ W/(m^2·K)，抗风压强度9级，气密性能8级，水密性能达到6级，隔声性能$R_w \geqslant 42$ dB。外窗安装施工现场如图7-13所示。

穿墙管道、出屋面管道、女儿墙、阳台、雨蓬、门窗洞口、电气接线盒等部位都相应做了热桥处理或气密性措施(如图7-14及图7-15所示)。再加上高效新风热回收机组及可再生能源的应用，五方科技馆A馆达到近零能耗公共建筑的能效水平。

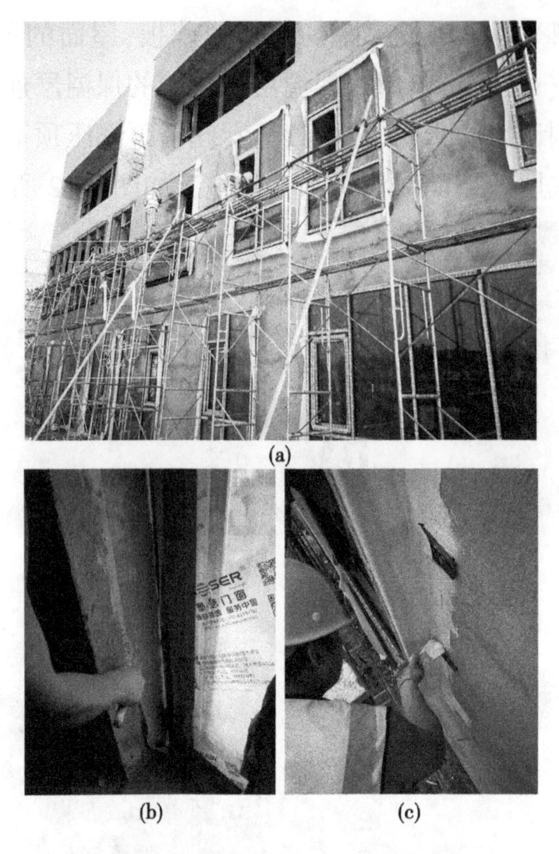

(a)　(b)　(c)

图 7-13　五方科技馆 A 馆外窗施工

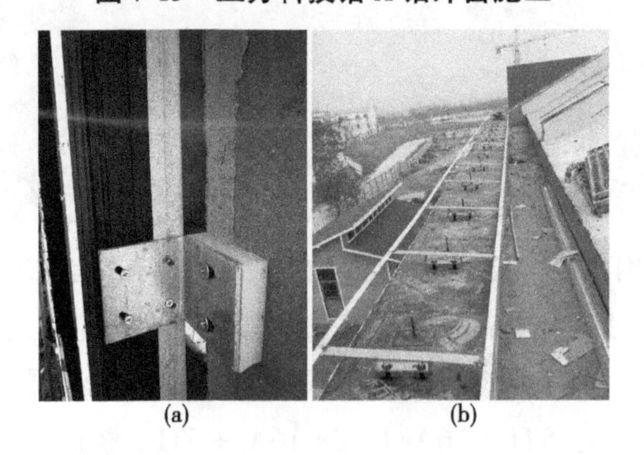

(a)　(b)

图 7-14　固定件热桥处理

7.2.3　热工及气密性检测

2019 年 4 月 24 日,河南省建筑工程质量检验测试中心站有限公司的检测人员对该项目的屋面、外墙主体传热系数进行现场测试。测试采用的方法为热工法,测试位置为 A 馆 F/5-6 轴线 1 层北外墙主体部位、A-C/3-6 轴线屋

图7-15　穿墙管道保温及气密性处理

面部位。

检测结果显示：F/5-6轴线1层北外墙主体部位传热系数为0.21 W/(m^2·K)；A-C/3-6轴线屋面部位传热系数为0.20 W/(m^2·K)，均满足《近零能耗建筑技术标准》(GB/T 51350—2019)中规定的围护结构热工性能要求。五方科技馆A馆北外墙实测热图像如图7-16所示。

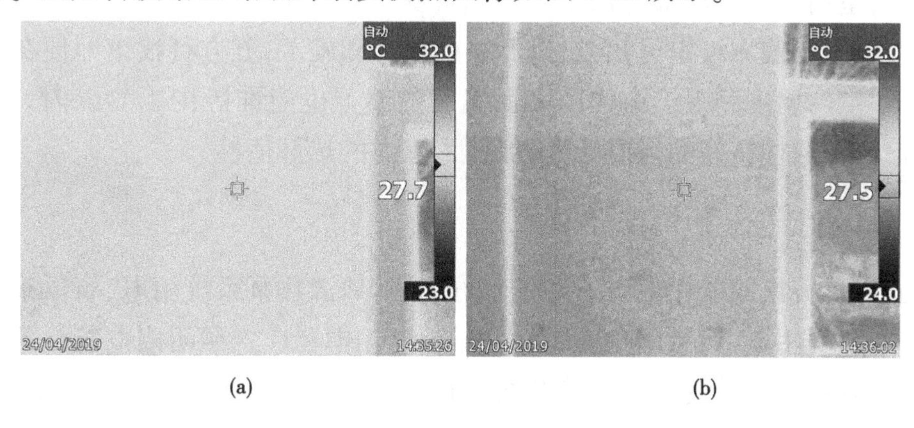

(a)　(b)

图7-16　五方科技馆A馆北外墙实测热图像

2017年12月26日，五方科技馆进行了建筑气密性测试，测试方法采用鼓风门测试法(见图7-17)。测试结果显示，五方科技馆A馆在±50 Pa下平均换气次数为0.45，满足《近零能耗建筑技术标准》(GB/T 51350—2019)中规定的近零能耗居住建筑气密性指标要求。

7.2.4　项目运行效果

在冬季采暖季(2~3月)，室内空气温度维持在20 ℃左右(见图7-18)，室内温度通过相对较低的围护结构内表面温度向室外传热。在过渡季(4~5月)，室内温度与围护结构内表面温度基本一致，通过新风系统及自然通风等，能保持室内空气温度在20 ℃左右(见图7-19)。在夏季制冷季(7~8月)空调

(a)　　(b)

图 7-17　五方科技馆 A 馆气密性测试

开启后,室内空气温度维持在 25 ℃左右(见图 7-20)。

由以上的监测结果可知,通过严格的设计和施工,五方科技馆即便在极端天气下,室内温度和围护结构内表面温度的温差也能维持在 2 ℃以内。五方科技馆围护结构良好的保温性能,保证了室内的热舒适性。

7.2.5　能耗分析

五方科技馆的能耗由以下几个部分组成:地源热泵系统用电、新风系统用电、普通照明用电、展示用电、动力用电、消防用电和应急照明用电等。根据能耗计算结果,五方科技馆 A 馆全年的耗电量约为 34 170.24 kWh。其中,地源热泵系统耗电量为 15 827.65 kWh,占总能耗的 46.32%;新风系统耗电量为 4 978.6 kWh,占总能耗的 14.57%;普通照明用电量为 3 249.6 kWh,占总能耗的 9.51%;因该建筑兼有被动式建筑技术推广功能,展示与演示用电量为 4 681.32 kWh,占总能耗的 13.70%;动力(如电梯、插座等)用电量为 2 805.38 kWh,占总能耗的 8.21%;消防系统用电量为 1 951.12 kWh,占总能耗的 5.71%;应急照明用电量为 676.57 kWh,占总能耗的 1.98%,见图 7-21。可再生能源发电量(光伏发电)为 12 283.82 kWh,五方科技馆 A 馆的建筑能耗综合值为仅为 37.54 kWh/(m^2 · a)。

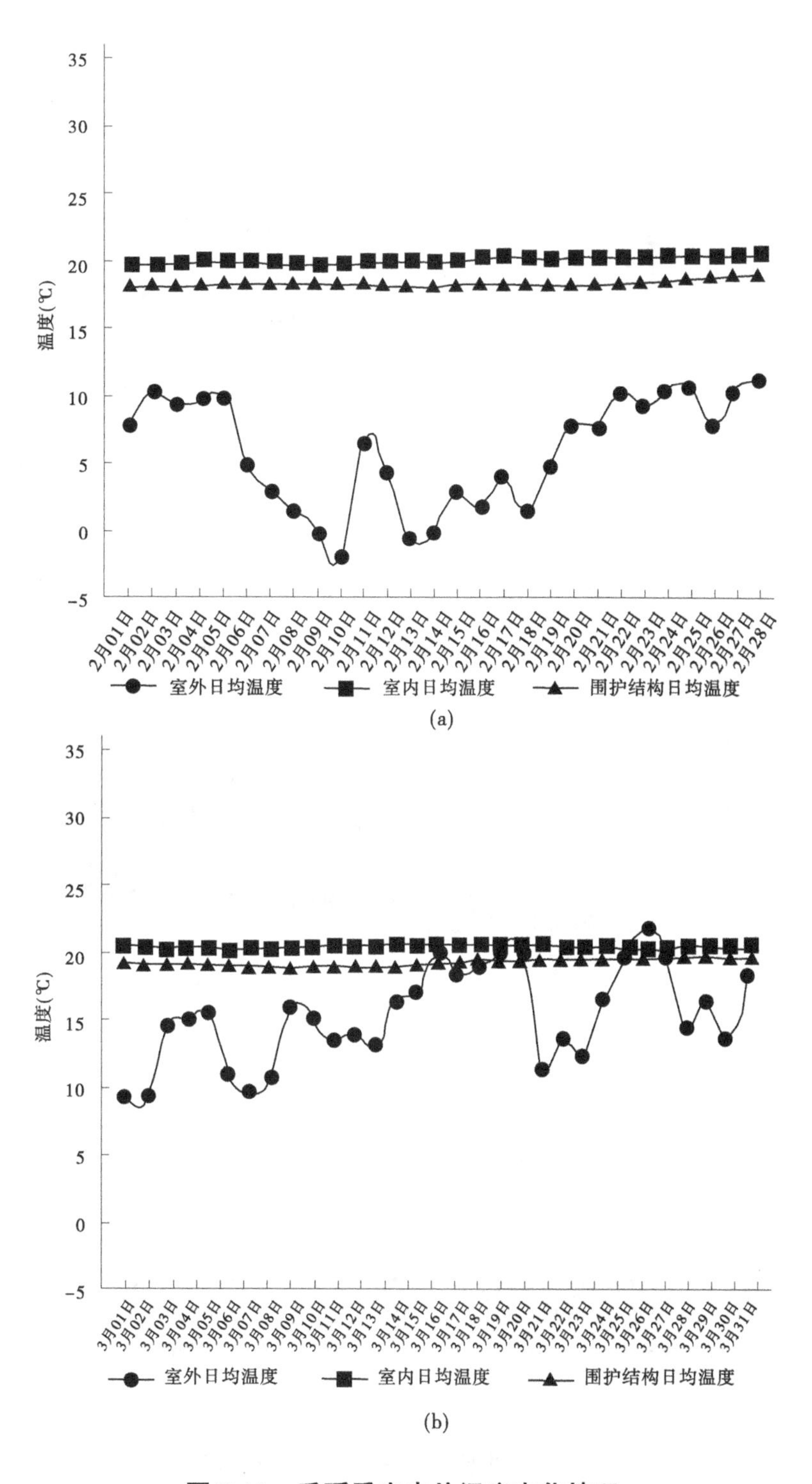

图7-18　采暖季室内外温度变化情况

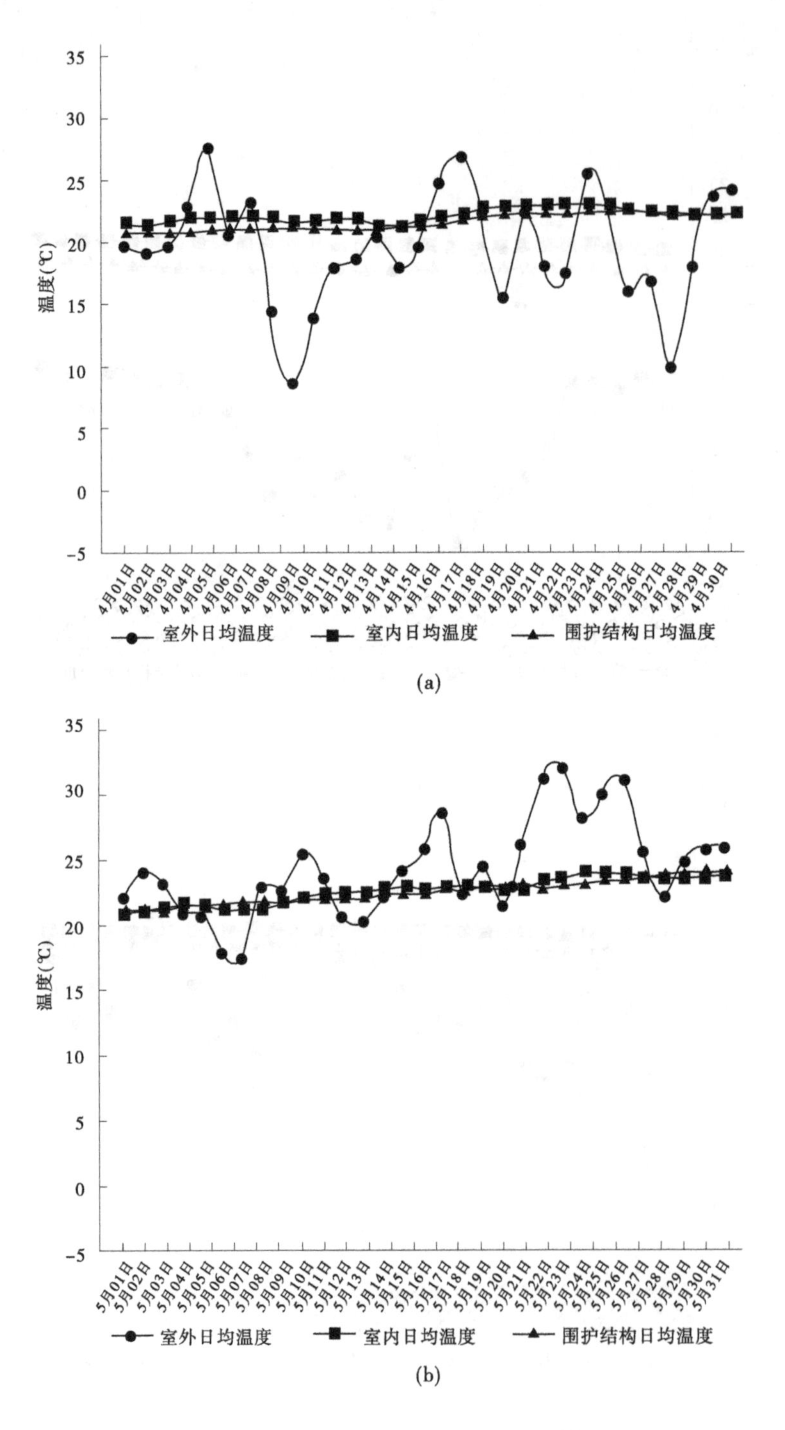

图 7-19　过渡季室内外温度变化情况

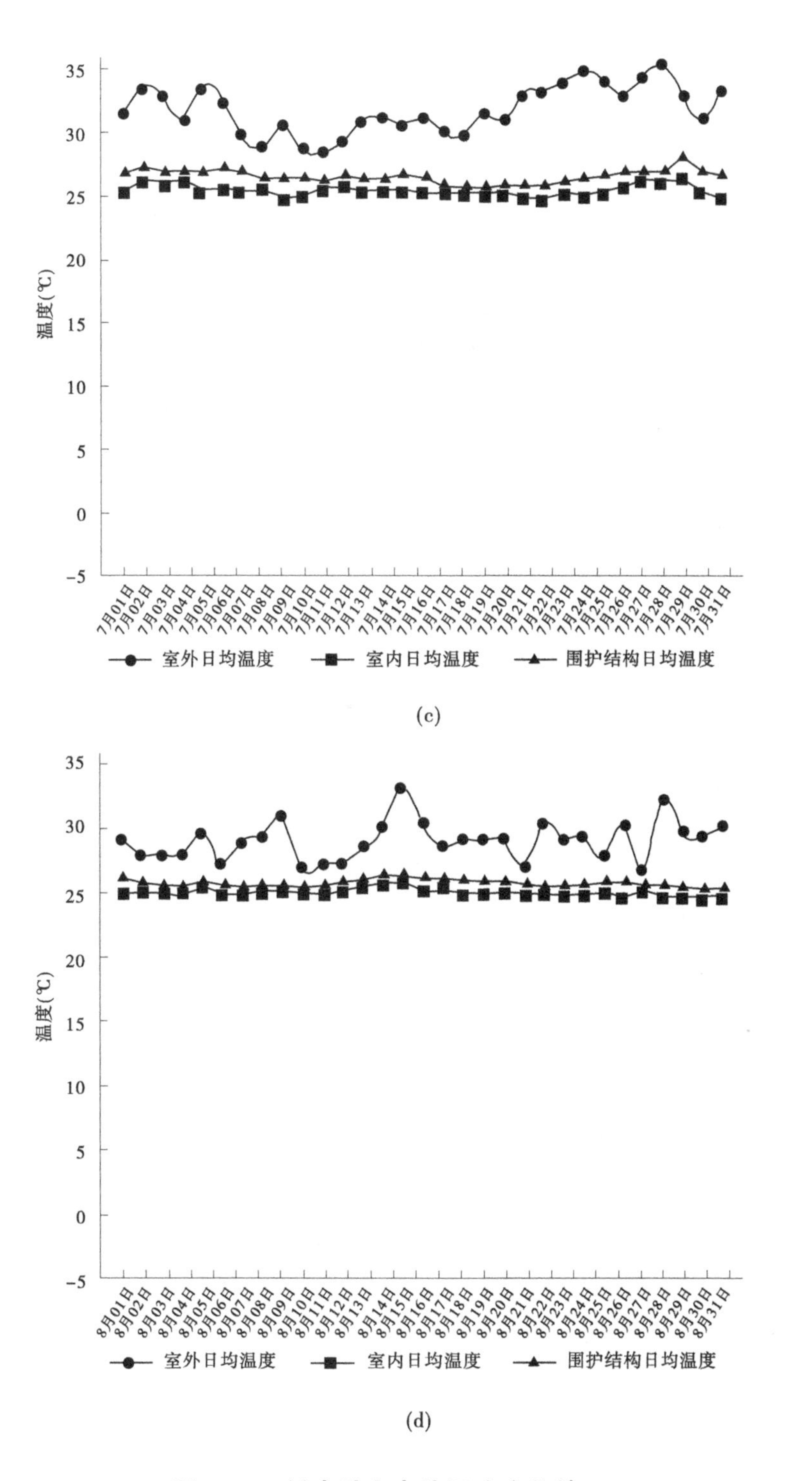

(c)

(d)

图7-20 制冷季室内外温度变化情况

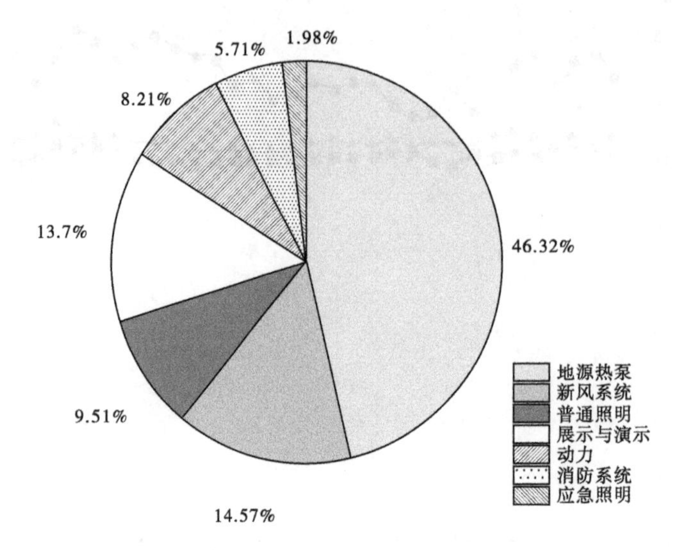

图 7-21　五方科技馆 A 馆能耗分析情况

参考文献

[1] 清华大学建筑节能研究中心.中国建筑节能年度发展研究报告 2020[R].北京:中国建筑工业出版社,2020.

[2] 国家统计局.中国统计年鉴 2020[M].北京:中国统计出版社,2020.

[3] 中华人民共和国住房和城乡建设部.近零能耗建筑技术标准:GB/T 51350—2019[S].北京:中国建筑工业出版社,2019.

[4] 中华人民共和国住房和城乡建设部.河南省超低能耗居住建筑节能设计标准:DBJ41/T 205—2018[S].

[5] 中华人民共和国住房和城乡建设部.模塑聚苯板薄抹灰外墙外保温系统材料:GB/T 29906—2013[S].北京:中国标准出版社,2014.

[6] 中华人民共和国住房和城乡建设部.挤塑聚苯板(XPS)薄抹灰外墙外保温系统材料:GB/T 30595—2014[S].北京:中国标准出版社,2014.

[7] 中华人民共和国住房和城乡建设部.硬泡聚氨酯保温防水工程技术规范:GB 50404—2017[S].北京:中国计划出版社,2017.

[8] 中华人民共和国住房和城乡建设部.酚醛泡沫板薄抹灰外墙外保温系统材料:JG/T 515—2017[S].北京:中国标准出版社,2017.

[9] 中华人民共和国住房和城乡建设部.建筑外墙外保温防火隔离带技术规程:JGJ 289—2012[S].北京:中国建筑工业出版社,2013.

[10] 中华人民共和国住房和城乡建设部.岩棉薄抹灰外墙外保温工程技术标准:JGJ/T 480—2019[S].北京:中国建筑工业出版社,2019.

[11] 中华人民共和国住房和城乡建设部.岩棉薄抹灰外墙外保温系统材料:JG/T 483—2015[S].北京:中国标准出版社,2016.

[12] 中华人民共和国住房和城乡建设部.建筑用真空绝热板应用技术规程:JGJ/T 416—2017[S].北京:中国建筑工业出版社,2017.

[13] 住房和城乡建设部标准定额研究所.保温装饰板外墙外保温工程技术导则[M].北京:中国建筑工业出版社,2017.

[14] 中华人民共和国住房和城乡建设部.外墙外保温工程技术标准:JGJ 144—2019[S].北京:中国建筑工业出版社,2019.

[15] 中华人民共和国住房和城乡建设部.屋面工程技术规范:GB 50345—2012[S].北京:中国建筑工业出版社,2012.

[16] 中华人民共和国住房和城乡建设部.建筑外门窗气密、水密、抗风压性能分级及检测

方法:GB/T 7106—2019[S]. 北京:中国标准出版社,2019.
[17] 中华人民共和国住房和城乡建设部. 被动式低能耗建筑——严寒和寒冷地区居住建筑:16J908—8[S]. 北京:中国计划出版社,2016.
[18] 中华人民共和国住房和城乡建设部. 建筑节能工程施工质量验收标准:GB 50411—2019[S]. 北京:中国建筑工业出版社,2019.
[19] 住房和城乡建设部标准定额司. 建筑外墙外保温产品系列标准应用实施指南[M]. 北京:中国建筑工业出版社,2016.
[20]张艺喆. 京津冀地区近零能耗居住建筑节能设计研究[D]. 北京:北方工业大学,2019.
[21] 王生. 被动式超低能耗建筑气密性措施及检测方法[D]. 青岛:青岛理工大学,2019.
[22] 强万明. 超低能耗绿色建筑技术[M]. 北京:中国建材工业出版社,2020.
[23] 顾鹏军,陆锦强,顾洪才. 被动式超低能耗建筑的外墙窗安装施工技术[J]. 建筑施工,2015,37(12):1441-1442.
[24] 李钢,李巍. 被动式超低能耗建筑综合施工技术研究[J]. 散装水泥,2020(4):8-9.
[25] 张应杰,白一页,赵艺蒙,等. 被动式超低能耗建筑施工质量控制重点[J]. 建筑技术,2020,51(8):930-933.
[26] 苏永波,单贺明,侯纲. 被动式超低能耗建筑外墙保温系统施工措施分析[J]. 混凝土与水泥制品,2019(5):84-86.
[27] 周佩杰. 被动式超低能耗绿色建筑所用外门窗的无热桥设计与施工[J]. 门窗,2016(11):11-15.
[28] 李月书. 被动式低能耗建筑综合施工技术研究与应用[D]. 天津:天津大学,2016.
[29] 张娜,郝吉,庄敬宜. 严寒地区超低能耗建筑外墙的气密性措施[J]. 低碳世界,2020,10(4):79,81.
[30]王生. 被动式超低能耗建筑气密性措施及检测方法[D]. 青岛:青岛理工大学,2019.
[31] 魏贺东,赵及建,张福南. 被动式超低能耗建筑用门窗外挂安装方式研究[J]. 墙材革新与建筑节能,2019(12):12-16.
[32] 梁锐. 被动式超低能耗建筑综合施工技术研究[J]. 建筑技术,2019,50(1):12-15.
[33] 吴玉杰,原瑞增,魏恺. 金域华府超低能耗建筑示范项目研究与工程实践[J]. 墙材革新与建筑节能,2018(11):36-38.
[34] 林力. 五方科技馆的被动房技术构造简析[J]. 中外建筑,2019(8):197-199.